EIPOS

Tagungsband des EIPOS-Sachverständigentages
Holzschutz

2019

AF826842

EIPOS

Tagungsband

des EIPOS-Sachverständigentages Holzschutz

2019

Beiträge aus Praxis, Forschung und Weiterbildung

Autoren:

Ing. Rupert Wolffhardt
Dipl.-Ing. (FH) Pia Haun
Dr.-Ing. Tilo Haustein
Dipl.-Ing. (FH) Ekkehard Flohr
Prof. Dr.-Ing. Leander Bathon
Prof. Dr.-Ing. Architekt Gerd Geburtig

Dr. rer. silv. Wolfram Scheiding
Dr. rer. nat. Dipl.-Biol. Tobias Huckfeldt
Dipl.-Ing. Architekt Holger Schmidt-Schuchardt

Dipl.-Ing. Sabine Schönherr
Dipl.-Kffr. (FH) Kathleen Pechstein, LL.M.

Herausgeber:

EIPOS GmbH

Dipl.-Ing. Sabine Schönherr
Geschäftsführerin EIPOS GmbH

Bibliografische Informationen der Deutschen Nationalbibliothek
Die Deutsche Nationalbibliothek verzeichnet diese Publikation in der Deutschen Nationalbibliografie; detaillierte bibliografische Daten sind im Internet über https://www.dnb.de abrufbar.

ISBN (Print): 978-3-7388-0317-4
ISBN (E-Book): 978-3-7388-0318-1

Einband und DTP-Satz: EIPOS GmbH
Druck und Bindung: Druck: BoD – Books on Demand, Norderstedt

Bei der Erstellung des Buches wurde mit großer Sorgfalt vorgegangen; trotzdem lassen sich Fehler nie vollständig ausschließen. Verlag und Autoren können für fehlerhafte Angaben und deren Folgen weder eine juristische Verantwortung noch irgendeine Haftung übernehmen. Für Verbesserungsvorschläge und Hinweise auf Fehler sind Verlag und Autoren dankbar.

EIPOS Europäisches Institut für postgraduale Bildung GmbH
Ein Unternehmen der TUDAG TU Dresden Aktiengesellschaft

Anschrift:	Freiberger Straße 37, D-01067 Dresden
Telefon:	+49 351 404 70-4210
Telefax:	+49 351 404 70-490
E-Mail:	eipos@eipos.de
Internet:	www.eipos.de
Geschäftsführerin:	Dipl.-Ing. Sabine Schönherr

Dezember 2019

Das Werk einschließlich aller seiner Teile ist urheberrechtlich geschützt. Jede Verwertung außerhalb der engen Grenzen des Urheberrechtsgesetzes ist ohne Zustimmung des jeweiligen Autors unzulässig und strafbar. Dies gilt insbesondere für Vervielfältigungen, Übersetzungen, Mikroverfilmungen und die Einspeicherung und Verarbeitung in elektronischen Systemen.

© Fraunhofer IRB Verlag, 2019

Fraunhofer-Informationszentrum Raum und Bau IRB

Anschrift:	Postfach 80 04 69, D-70504 Stuttgart
Telefon:	(07 11) 970-25 00
Telefax:	(07 11) 970-25 99
E-Mail:	irb@irb.fraunhofer.de
Internet:	www.baufachinformation.de

Inhaltsverzeichnis

Vorwort

Sabine Schönherr, Grit Zimmermann 7

Beiträge vom 23. EIPOS-Sachverständigentag Holzschutz am 13. Dezember 2019

TGA im Holzbau – Schnittstellen und andere Herausforderungen

Rupert Wolffhardt 11

Sanierungsbeispiele: Schimmelschäden auf Holz und Holzwerkstoffen

Pia Haun 25

Biologische Bekämpfung mit Nützlingen – Wohin geht die Reise im Holzschutz?

Tilo Haustein 37

Veränderungen in der neuen DIN 68800 Teil 4

Ekkehard Flohr 47

Perspektiven für den Holzverbundbau – Visionen werden Wirklichkeit

Leander Bathon, Oliver Bletz-Mühldorfer, Jens Schmidt, Friedemann Diehl 52

Brandschutz und Holz: Es kommt darauf an, was man daraus macht!

Gerd Geburtig 71

Weitere Beiträge

Einfluss der Oberflächenvergütung auf mikrobielle Verfärbungen von Terrassen

Wolfram Scheiding, Philipp Flade, Katharina Plaschkies, Björn Weiß, Sabrina Meltzer 95

Gescheckter Nagekäfer – Xestobium rufovillosum (DE GEER, 1774) –
Monitoring und Biologie des Käfers am Beispiel einer norddeutschen Kirche

Tobias Huckfeldt, Matthias Wieck, Uwe Noldt 109

Alter Schlachthof Regensburg: Das Zollingerdach verdient eine Renaissance!

Holger Schmidt-Schuchardt, Wulf Bennert 140

Zertifikat gleich Zertifizierung? Und was bedeutet Akkreditierung?

Sabine Schönherr, Kathleen Pechstein 150

Autorenverzeichnis 154

Vorwort

Planer, Ingenieure, Sachverständige, Praktiker, Holzschützer, Dozenten und Absolventen treffen sich jedes Jahr auf einer ganz besonderen Veranstaltung: dem EIPOS-Sachverständigentag Holzschutz. Aktuelle Herausforderungen, neueste Erkenntnisse sowie Visionen für künftige Entwicklungen des Bau- und Werkstoffes HOLZ stehen im Mittelpunkt der Tagung und werden genau an diesem Tag publik gemacht.

Dieses jährliche Highlight bietet zum 23. Mal mit ausgewählten Vorträgen ein Forum zum Wissens- und Erfahrungsaustausch. Als Vortragende konnten fünf Fachexperten gewonnen werden, die mit vielseitigen Themen im Miteinander von Wissenschaft und Praxis für ein anspruchsvolles Programm sorgen.

Los geht`s mit einem Fachbeitrag aus dem Hause Holzforschung AUSTRIA. Probleme an Schnittstellen sowie komplizierte Ausführungsdetails bei der Implementierung von TGA im mehrgeschossigen Holzbau erfordern Lösungen. Vorgestellt wird ein spannendes Projekt als Gewerke übergreifendes Geschäftsmodell, das ein optimiertes Schnittstellenkonzept entwickelt. Das Thema Schimmelschäden rückt der zweite Vortrag in den Fokus. Anhand von Sanierungsbeispielen geht es von der Ursachenfindung bis hin zur praktischen Umsetzung gelungener Sanierungsverfahren.

Der nächste Vortrag stellt den brandaktuellen Stand der biologischen Bekämpfung im Holzschutz dar. Wie können Schadinsekten mit Hilfe biologischer Bekämpfungsmaßnahmen durch den Einsatz natürlicher Feinde eingedämmt werden? Sind parasitoide Wespen und Buntkäfer dafür möglicherweise geeignete Kandidaten?

Anschließend gibt es vom mitwirkenden Fachexperten die Ergebnisse aus dem Arbeitskreis der neuen DIN 68800. Hier wird detailliert erklärt, welche wichtigen Neuerungen der überarbeiteten Holzschutznorm Teil 4 zu beachten sind. Der folgende Vortrag widmet sich dem Thema Holzverbundbau. Wie sieht es mit der praktischen Umsetzung der vielen Forschungsergebnisse aus? Welche aktuellen technischen und wirtschaftlichen Entwicklungen gibt es bei der Kombination von Holz mit anderen Baustoffen? Abgerundet wird die Tagung mit der spannenden Frage: Passen die beiden – Brandschutz und Holzbau – nun zusammen?

Diese Themenpalette der Beiträge des Sachverständigentages wird ergänzt durch Veröffentlichungen von Experten der Holzbranche.

Wir bedanken uns bei den Referenten, die ihr wertvolles Wissen weitergeben und mit ihren umfangreichen Erfahrungen zum Gelingen der Tagung beitragen. Ebenso gilt unser Dank allen Teilnehmern und Absolventen, die neugierig an unseren Angeboten bleiben und somit durch kontinuierliche Weiterbildung ihre beruflichen Herausforderungen meistern können.

Die einzelnen Fachbeiträge finden Eingang in diesen Tagungsband und dienen somit als nützliches Nachschlagewerk auch über die Tagung hinaus.

Wir wünschen allen Teilnehmern eine nutzbringende Tagung und allen Interessierten eine anregende Lektüre.

Seien Sie gespannt – auf den folgenden Seiten erfahren Sie mehr!

Dresden, 13. Dezember 2019

Dipl.-Ing. Sabine Schönherr
Geschäftsführerin EIPOS GmbH

Dipl.-Ing. (FH) Grit Zimmermann
Produktmanagerin

Beiträge

23. EIPOS-Sachverständigentag Holzschutz

13. Dezember 2019

TGA im Holzbau – Schnittstellen und andere Herausforderungen

Rupert Wolffhardt

1 Einleitung

Der mehrgeschossige Holzbau hat in den letzten Jahren auch im städtischen Umfeld aufgrund klimaschutzrelevanter Aspekte an Bedeutung gewonnen. Neue Komponenten und Konzepte der Technischen Gebäude Ausrüstung (TGA) zur Energieerzeugung, Lüftung, Heizung und Kühlung sowie Warmwasserbereitung haben ebenfalls aus Energieeinsparungsgründen im Neubau an Relevanz zugenommen. Bei ihrem Einsatz wird allerdings auf die Bauweise nicht ausreichend Rücksicht genommen. Es fehlt an holzbautechnischem Know-how und an für die Bauweise angepasste Lösungen. Probleme an den Planungs- und Gewerkeschnittstellen sowie Unsicherheiten bautechnischer und bauphysikalischer Art bei der Implementierung von TGA im Holzbau machen deutlich, dass hier Handlungsbedarf besteht. Aus diesem Grund hat die Holzforschung Austria das Netzwerk-Projekt „TGA-Timber" initiiert, im Rahmen dessen gemeinsam mit ProjektpartnerInnen aus den Bereichen TGA, Holzbau, Architektur, Bauwirtschaft, sowie Energie und Umwelt Lösungsansätze für die TGA im Holzbau erarbeitet werden.

2 Die derzeitige Situation

Die Bedeutung der (TGA) nimmt im Hochbau infolge immer strenger definierten energetischen Anforderungen generell zu. Gleichzeitig gewinnt der Holzbau im mehrgeschoßigen Bau gegenüber mineralischen Bauweisen zunehmend Marktanteile. Dies ist neben dem Argument der Nachhaltigkeit vor allem durch den zeitlichen und wirtschaftlichen Vorteil begründet, der sich aufgrund der hohen Vorfertigungsmöglichkeiten ergibt.

Auf Seiten der BauherrInnen herrscht Unsicherheit hinsichtlich der Möglichkeiten und Grenzen der unterschiedlichen, teils jungen TGA-Technologien. Hinzu kommt ein Mangel an Kenntnissen, was deren Kombinationsmöglichkeiten und Kosten anbelangt. Hier fehlt die Möglichkeit, sich schnell und einfach einen rudimentären Überblick über geeignete Technologien verschaffen zu können, welche für das eigene Bauvorhaben, den Bauplatz, aber auch das verfügbare Budget in Frage kommen.

Auf Seiten von PlanerInnen und Ausführenden wiederum existieren Schwierigkeiten betreffend Planungs- und Gewerkeschnittstellen im Holzbau einerseits und Unsicherheiten bezüglich einer für den Holzbau geeigneten TGA-Ausführung andererseits.

Die bestehenden Leistungsmodelle, welche ursprünglich aus dem mineralischen Massivbau heraus entstanden sind, bilden die Verzahnung der Planungsabläufe der beteiligten Gewerke und FachkonsulentInnen in den einzelnen Leistungsphasen im Holzbau nur ungenügend ab. So entstehen bereits während der Planung Lücken im Zusammenspiel der einzelnen Gewerke. Ebenso sind technische Lösungen und Ausführungsdetails von TGA-Komponenten üblicherweise für den Einsatz im mineralischen Massivbau ausgerichtet und dahingehend optimiert. Aus den genannten Gründen, und zusätzlich infolge von teilweise komplizierten Ausführungsdetails und fehlendem Holzbau-Know-how der Subunternehmen geht der Zeitgewinn aus der Vorfertigung großteils wieder verloren. Darüber hinaus sind bei der Ausführung die Schnittstellen sowie die bautechnischen Abgrenzungen zwischen den einzelnen Gewerken in Bezug auf die TGA im Holzbau nicht klar definiert, weshalb es häufig vor Ort zu Nacharbeiten kommt. Dadurch leidet die Ausführungsqualität, während gleichzeitig die Errichtungskosten steigen. Ebenso liegen aufgrund der spezifischen Eigenschaften des Holzbaus aus bautechnischer und bauphysikalischer Sicht große Unsicherheiten bei Planenden und Ausführenden hinsichtlich der Verlegung der TGA im Holzbau vor. Hierzu sind die folgenden Punkte zu nennen:

Feuchteschutz

Feuchteeinflüsse während der Errichtung und der Nutzung können stets auftreten. Gerade in Holzbauten ist es jedoch erforderlich, dass die Feuchtigkeit rasch abtrocknen kann, da ein erhöhter langandauernder Feuchtegehalt des Holzes zu Fäulnisschäden führen kann. Die Sanierungsmaßnahmen durch nicht bemerkte Feuchteeinträge aufgrund z. B. undichter Manschetten bzw. Sanitäreinbauten führt aus diesem Grund bei Holzkonstruktionen zu aufwändigeren und kostspieligeren Sanierungen. Deswegen sind herkömmliche Detaillösungen, wie sie in der mineralischen, massiven Bauweise eingesetzt und auch in der Regel im Holzbau angewandt werden, für diesen entsprechend zu adaptieren bzw. ist eine Schnellerkennung etwaiger Wassereintritte in die Konstruktion durch geeignete Monitoringmaßnahmen sicherzustellen.

Brandschutz

In Bezug auf den Brandschutz gelten natürlich bei jeder Bauweise dieselben Anforderungen an Durchdringungen durch brandabschnittsbildende bzw. raumabschließende (Trenndecken bzw. Trennwände) Bauteile. Einbauten und Durchdringungen sind abzuschotten, damit keine Verschlechterung der brandschutztechnischen Eigenschaften der Bauteile auftritt. In der Vergangenheit wurden allerdings sämtliche Abschottungssysteme ausschließlich in mineralischen Bauteilen geprüft und klassifiziert.

Schallschutz

Der Schallschutz funktioniert im Holzbau zwar im Gegensatz zur mineralischen Bauweise generell durch das sogenannte Masse-Feder-Masse-System. Daneben gelten aber dieselben Grundsätze (Entkoppelung von Leitungen, keine Verbindung zwischen Rohdecke und Estrich durch Installationen etc.) wie in der mineralischen Bauweise.
Der technische Schwerpunkt der Problemstellung liegt somit sicherlich im Bereich des Feuchteschutzes sowie der Schnittstellen zwischen Planenden und Ausführenden.

Dennoch sind sämtliche neu zu erarbeitenden Holzbaudetails, deren Entwicklung aufgrund der angeführten Feuchtethematik erforderlich ist, auch hinsichtlich Schall- und Brandschutz auf die Umsetzbarkeit zu bewerten.

Die Holzforschung Austria hat in dem auf 2,5 Jahre angelegten Projekt „TGA-Timber" gemeinsam mit den ProjektpartnerInnen daran gearbeitet, für die eingangs beschriebenen Problemfelder Lösungsansätze zu bieten.

3 TGA-Matrix

Wie eingangs erwähnt, besteht eines der Ziele des Projektes darin, BauherrInnen und BauplanerInnen ein einfaches Werkzeug (eine TGA-Matrix) in die Hand zu geben, um bei der Auswahl des für das jeweilige Bauvorhaben geeigneten TGA-Konzeptes Unterstützung zu leisten. Dieses Tool wird derzeit von der HFA in Kooperation mit proHolz Austria konzipiert und soll kommendes Jahr als Online-Lösung umgesetzt werden. Zur Datensammlung wurden zunächst zu den einzelnen TGA-Gewerken Heizung, Kühlung, Lüftung, Sanitär und Elektro relevante Angaben u. a. betreffend Gebäudenutzung, Anforderungen, Vor- und Nachteile sowie Kosten gesammelt. Diese sollen von den Anwendenden in Form eines Ablaufschemas in mehreren Ebenen abgefragt und überprüft werden, an dessen Ende die in Frage kommenden TGA-Systeme bzw. -Konzepte herausgefiltert werden. Hierbei wird Wert darauf gelegt, dass man entweder ausgehend vom gewünschten Konzept, oder vom möglichen Kostenrahmen in das Ablaufschema einsteigen kann. Während des gesamten Selektionsverfahrens werden die einzelnen Punkte mit kurzen Hintergrundinformationen versehen, um auch Laien die Entscheidungsfindung leichter zu machen.

4 Schnittstellen

Die langjährige Erfahrung der Holzforschung Austria hat immer wieder gezeigt, dass Schnittstellen im Bauwesen eine knifflige Angelegenheit sind. Auf der Baustelle bedeutet gutes Schnittstellenmanagement, dass zwischen unterschiedlichen Gewerken ein möglichst fehlerfreier Übergang und reibungsloser Arbeitsablauf geschaffen wird. Hierzu ist es erforderlich, klare Grenzen und Zuständigkeiten zu definieren, die von allen Beteiligten akzeptiert und eingehalten werden. Gerade im Hinblick auf die Implementierung von TGA in Holzbauten fehlen diese Definitionen, nachträgliche Arbeiten und Ausführungsmängel sind oftmals die Folge.

Nachfolgend widmen wir uns einer Schnittstellenproblematik, die bereits vor der Bauphase beginnt, nämlich jener unter den PlanerInnen. Hier kommt es zusätzlich zur Abgrenzung der Zuständigkeiten zu Problemen mit zeitlichen Abläufen und Informationsflüssen. Schwierigkeiten entstehen hierbei auf mehreren Ebenen:

Leistungsbilder Holzbau?

Zum einen sind die Leistungsbilder des mineralischen Massivbaus nicht eins zu eins auf den Holzbau übertragbar, da diverse Planungs- und Ausführungsabläufe nicht mit jenen aus dem mineralischen Massivbau vergleichbar sind. So ist z. B. der Detaillierungsgrad im Holzbau bereits zu einem vergleichsweise frühen Zeitpunkt sehr hoch, was in erster Linie dem hohen Vorfertigungsgrad geschuldet ist. Gegenüber dem mineralischen Massivbau kommt es deshalb in den ersten Leistungsphasen zu einem höherem Planungsaufwand und somit höheren Kosten, welche über die klassische Leistungsphasenabrechnung jedoch nicht abgedeckt sind und somit häufig auch nicht bezahlt werden.

Integrative Planung und Planungswildwuchs

Zum anderen entstehen Schwierigkeiten häufig daraus, dass eine frühzeitige integrative Planung zwischen allen Beteiligten aus vermeintlichen Kostengründen in aller Regel gar nicht angestrebt wird. Aus diesem Grund findet häufig kein ausreichender Informationsfluss und teilweise auch keine Kommunikation zwischen den einzelnen Fachplanenden statt. Durch Unkenntnis der Anforderungen anderer Gewerke kommt es zu Missverständnissen und in weiterer Folge zu zeitintensiven Umplanungen und Änderungen direkt auf der Baustelle.

Schließlich erweisen sich die kaum vorhandenen (TGA)-Planungsstandards im industriellen Holzbau selbst als Hindernis. Hierdurch gibt es schlicht eine zu hohe Planungs- und Fertigungsvielfalt, worauf andere Gewerke nicht eingestellt sein können.

Lücken sichtbar machen

Im Rahmen des TGA-Projektes wurden die Lücken an den Planungsschnittstellen sichtbar gemacht und Vorschläge zur Verbesserung der Situation erarbeitet. Hierzu wurde zunächst das in Österreich weit verbreitete und übliche Leistungsmodell von Lechner H./ des Instituts für Baubetrieb und Bauwirtschaft der TU Graz als Grundlage herangezogen und die Leistungsbilder der einzelnen FachplanerInnen innerhalb der Leistungsphasen von der Grundlagenanalyse über den Entwurf, die Ausführung bis hin zur etwaigen nachträglichen Objektbetreuung einander gegenübergestellt. Tragwerk/Statik und Holzbau wurden in der Aufstellung gleichgesetzt und um den KostenplanerIn/WirtschaftsprüferIn ergänzt. Zur besseren Visualisierung wurde dies für jede Leistungsphase mittels eines bilanzierenden Schaubildes dargestellt, bei welchem die einzelnen FachplanerInnen die „Konten“ und die diversen Leistungen die „Buchungen“ darstellen.

Abb. 1 zeigt dies beispielhaft, wobei links klein die gesamte Leistungsphase 2 „Vorentwurf“ mit den Fachplanenden für Architektur (grün), TGA (blau), Tragwerk/Statik (rot) Bauphysik (violett), Holzbau (orange) und Kostenplanung (gelb) dargestellt ist. Auf der rechten Seite ist die Bauphysik herausvergrößert. Hier sieht man nun rechts oben, welche Leistungen bzw. Informationen in dieser Leistungsphase von der Bauphysik laut Leistungsmodell erbracht werden muss. Die EmpfängerInnen sind jeweils durch ein ihrer Farbe entsprechendes Kästchen gekennzeichnet. Umgekehrt sind rechts unten nach demselben Schema jene Leistungen und Informationen mit ihren SenderInnen aufgeführt, welche die Bauphysik zu diesem Zeitpunkt zur korrekten Planung erhalten muss, wobei häufig fehlende Leistung/Informationen schraffiert dargestellt sind (siehe rechts, ganz unten). Zusätzlich wird aufgeführt in welcher Leistungsphase eine fehlende Leistung/Informationen erfahrungsgemäß geliefert wird.

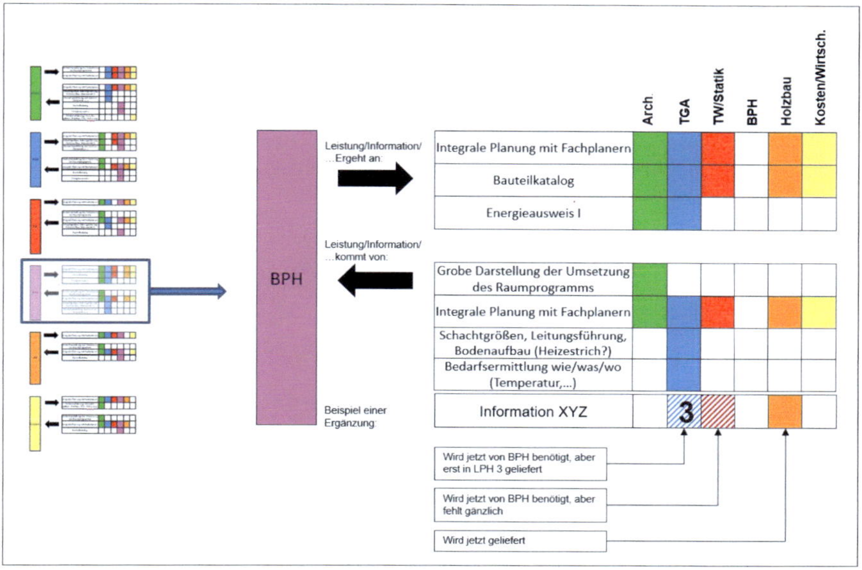

Abb. 1: Visualisierung der Leistungserbringung und Leistungsbedarf der verschiedenen FachplanerInnen zur Planung einer TGA. Links: „Bilanzkonten“ aller beteiligten FachplanerInnen, rechts: Beispielhafte Darstellung des Bilanzkontos der Bauphysik

Allgemein wurde festgestellt, dass abhängig von Gewerk bzw. FachplanerIn die Gewichtung mancher Leistungsphasen bzw. deren Planungstiefe stark variieren, was einen iterativen Planungsprozess von Anfang an erschwert. Hinsichtlich der TGA fällt auf, dass die Planungsfirmen erst spät in den Entwurfsprozess einsteigen. Infolge dessen bleibt der TGA-Planung zu wenig Zeit, die Randbedingungen werden üblicherweise nicht frühzeitig festgelegt und Entscheidungen zu spät und nicht gemeinsam getroffen. Aufgrund dessen kann es zu aufwändigen Umplanungen kommen. Hinzu kommt, dass die Ausführungsplanung meist nicht vom TGA-Planungsbüro geliefert wird, da hierzu gewöhnlich weder ein Auftrag vorliegt, noch die Leistung bezahlt wird. Die vorhandenen Planungsangaben (Stand Entwurf) sind für die erst nach der Vergabe hinzugezogene ausführende Firma nicht ausreichend. Wiederum kommt es zu häufigen Unstimmigkeiten und Ausführungsfehlern oder zu Problemen, wenn Planende und Ausführende unterschiedliche Systeme präferieren. In diesem Zusammenhang kommt erschwerend hinzu, dass konkrete Kostenvarianten (auch im Zusammenhang mit unternehmensspezifischen Ausführungsdetails oder Systemlösungen) erst nach der Vergabe durchgespielt werden können, da ja die ausführenden Unternehmen erst nach der Ausschreibung bzw. Vergabe feststehen. Sollten vorab Variantenstudien betrieben werden, beruhen diese auf den Vorgaben des Architekturbüros und der Tragwerk- bzw. TGA-PlanerInnen. Fertigungstechnische Besonderheiten oder auch Erleichterungen der ausführenden Unternehmen können nicht in die Kostenplanung im Rahmen der Entwurfsplanung mit einfließen.

Wie schon erwähnt, sind Kommunikationsprobleme unter den Fachplanenden an der Tagesordnung, weshalb häufig wichtige Informationen auf der Strecke bleiben. So enthalten beispielsweise Pläne der ArchitektInnen häufig nicht alle erforderlichen Details und Angaben und es existiert in der Regel, auch aus Kostengründen, keine Qualitätssicherungsschleife. Bauliche Aspekte können somit von einzelnen Unternehmen eigenmächtig ohne Rücksprache mit den betreffenden PlanerInnen geändert werden (z. B. lässt Bauträger Schächte kleiner ausführen, um Nutzfläche zu optimieren), was früher oder später zu Überraschungen mit bereits bekannten Folgen wie Umplanung, Verzögerung oder Mehrkosten führt. Laufende Qualitätssicherungsschleifen zwischen Planenden und ausführenden Gewerken sollten deshalb Standard werden. Hierbei können BIM-Lösungen Unterstützung leisten.

5 Schachtausbildung und Feuchtraumabdichtung

Das dritte Arbeitspaket widmet sich praktischen Untersuchungen im Themenkreis TGA-Holzbau-Bauphysik und den daraus resultierenden technischen Lösungsansätzen. Der Fokus wurde dabei auf zwei Themen gerichtet, die BauphysikerInnen, Planende und Ausführende des Holzbaus und der TGA gleichermaßen immer wieder beschäftigen: Zum einen auf den Installationsschacht im mehrgeschoßigen Holzbau, der ja bekanntlich alle Disziplinen der Bauphysik fordert, zum anderen auf die Abdichtungsmaßnahmen unter Feuchträumen.

Geräusche aus dem Installationsschacht

Der Installationsschacht, als neuralgische Schnittstelle zwischen Haustechnik und Gebäude, bietet mehrere Herausforderungen für TGA und Bauphysik gleichermaßen, da er sich stets über mehrere Nutzungseinheiten erstreckt, diese durchdringt und verbindet. Daher wurden hier Fragen des Schallschutzes, des Brandschutzes und der Luftdichtheit untersucht. Das Kriterium der Vorfertigungsmöglichkeit hat bei der Konzeptionierung einen hohen Stellenwert eingenommen, da hier die Vorteile des Holzbaus voll ausgespielt werden können. Um diese bauphysikalischen Bereiche in situ untersuchen zu können, wurde für den XL-Schallprüfstand des Akustik Center Austria (ACA) eine Schachtkonstruktion in einer üblichen Trennwand- und Trenndecken-Situation geplant und in Brettsperrholz-Bauweise (BSP) gebaut (siehe Abb. 2 und 3). Zur Untersuchung von Installationsgeräuschen wurden im Schacht ein Fallrohr und eine Wasserleitung verlegt, an welche eine WC-Anlage angeschlossen wurde.

Die Schachtwände und deren Durchdringungen wurden so ausgeführt, dass sie die Anforderungen an den Brandschutz erfüllen, weshalb keine horizontale Abschottung im Schacht erforderlich war.

Abb. 2: XL-Schallprüfstand des Akustik Center Austria (ACA). Foto © ACR/schewig-fotodesign

Abb. 3: Fertiggestellter Schacht mit WC-Anlage im offenen Zustand

Untersuchungen zum übertragenen Schall

Der Schwerpunkt der Schallschutzuntersuchungen lag auf der Abhängigkeit des resultierenden maximalen Schalldruckpegels in den benachbarten Räumen von der Art der Montage des Fallrohres und der Anregung durch Spülgeräusche. Hierzu wurden zwei übliche Montagesysteme ausgewählt: Zum einen Kunststoffschellen ohne schalltechnische Entkopplung, zum anderen Metallschellen mit EPDM-Einlage. Darauf aufbauend wurden die in Tab. 1 dargelegten Montagevarianten abgeleitet.

Schellentyp	Beschreibung der Montagevariante
Kunststoffschelle	Montage des Abfallrohres mittels systemeigenen Spannbügels.
Metallschelle mit EPDM-Einlage	*Schrauben fest:* alle Schellenschrauben sind so fest wie möglich angezogen, wodurch sich eine starke Pressung der EPDM-Einlage ergibt. *Schrauben lose:* Nachgestellter Extremfall einer losen Schellenverschraubung, kaum Berührungspunkte zwischen Rohr und Schelle. Zur Kraftaufnahme ist die oberste und die unterste Schelle ausreichend fest verschraubt. *Schelle auf Schelle:* Die in der Wand befestigte Schelle umschließt das Rohr vollkommen lose, eine zweite Schelle ist darüber nur auf das Rohr geschraubt und liegt auf der ersteren auf, wodurch sich ein formschlüssiger Halt ergibt.

Tab. 1: Untersuchte Montagevarianten des Abwasserrohrs

Hinsichtlich der Anregung wurden drei Fälle untersucht: Reine Wasserspülung (6 l), Spülung zusätzlich mit Klopapier (20 Blatt) sowie mit Klopapier (20 Blatt) und Probekörper Kittwurst (90 g-Wurst aus Fensterkitt). Da bei Spülgeräuschen zumeist die Schallübertragung von einer Nutzungseinheit in die schräg darunter liegende Nutzungseinheit den ungünstigsten Fall darstellt, wird nachfolgend lediglich dieser Fall betrachtet. Als vergleichende Messgröße wurde der maximale Schalldruckpegel $L_{AFmax,nT}$ [1] herangezogen. In Österreich liegt der Grenzwert hierfür bei ≤ 30 dB(A).

In Tab. 2 ist $L_{AFmax,nT}$ in dem Raum diagonal unter dem WC bei einer Spülung ohne bzw. mit Feststoff, sowie variierender Schellenmontage aufgeführt. Wie zu erkennen ist, wird der Schalldruckpegel in den Empfangsräumen durch die Verwendung der Metallschelle anstelle der Kunststoffschelle deutlich reduziert. Die Anforderungen von $L_{AFmax,nT}$ ≤ 30 dB(A) kann nur von den Metallschellen mit EPDM-Entkoppelung eingehalten werden. Hierbei spielt die Art der Verschraubung der Metallschelle quasi keine Rolle.

Sobald es zu einem Spülvorgang mit Feststoffen kommt, wird der Grenzwert von 30 dB(A) jedoch bei jeder Variante überschritten, wobei der normative Grenzwert jedoch für eine reine Wasserspülung gilt. Den kritischsten Fall stellt das Spülen mit 20 Blatt Klopapier zusammen mit einer 90 g Kittwurst dar ($L_{AFmax,nT}$ > 43 dB(A)). Eine eindeutige Differenzierung zwischen den einzelnen Schellenvarianten ist aufgrund der großen Streuungen bei der Spülung mit Feststoffen dann jedoch nicht mehr möglich.

1 $L_{AFmax,nT}$ bezeichnet den standardisierten maximalen A-bewerteten Schalldruckpegel. Bei der A-Bewertung werden die gemessenen Signale frequenzabhängig so gefiltert, dass sie den Eigenschaften des menschlichen Gehörs entsprechen, das Töne unterschiedlicher Frequenz trotz identischem Schalldruck unterschiedlich laut empfindet. Der maximale Schalldruckpegel wird bei der Messung über die lautesten 125 ms gemittelt (Zeitbewertung „F"), und im Frequenzbereich zwischen 50 Hz und 5000 Hz, bezogen auf die normierte Nachhallzeit von 0,5s (Index „nT"), ausgewertet. Daraus wird schließlich ein Einzahlwert ermittelt.

Montagevariante	**$L_{AFmax,nT}$ für Wasserspülung**	**$L_{AFmax,nT}$ für Spülung mit Feststoffen (Kittwurst)**
Kunststoffschellen	33,1 ± 0,7 dB(A)	45,4 ± 5,8 dB(A)
Metallschellen mit EPDM, Schrauben fest	20,6 ± 0,8 dB(A)	48,5 ± 4,7 dB(A)
Metallschellen mit EPDM, Schrauben locker	20,7 ± 0,5 dB(A)	44,2 ± 3,3 dB(A)
Metallschellen mit EPDM, Schelle auf Schelle	21,3 ± 1,1 dB(A)	43,0 ± 3,5 dB(A)

Tab. 2: Maximalpegel des Spülgeräusches im Raum diagonal unterhalb des WCs

In Abb. 4 ist der Frequenzverlauf von $L_{AFmax,nT}$ aller untersuchten Varianten dargestellt. Wie zu erkennen ist, kommt es bei einer Montage der Verrohrung mit der Kunststoffschelle zu einer deutlich stärkeren Schallbelastung über einen deutlich größeren Frequenzbereich. Vor allem im tiefen Frequenzbereich ist $L_{AFmax,nT}$ deutlich erhöht. Hier wirkt sich die Verbesserung durch die EPDM-Entkoppelung sehr stark aus. Die Grafik zeigt ebenfalls, dass eine Lockerung der Schellenklemmung (Variante „Schrauben locker“) die Schallübertragung nochmals reduziert. Die geringsten Werte werden ab 100 Hz durch die der maximalen Entkopplung bei der Variante „Schelle auf Schelle“ erreicht.

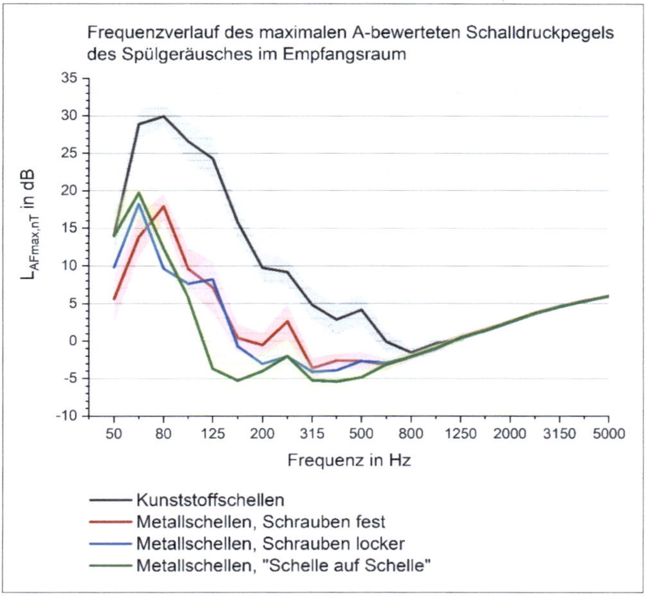

Abb. 4: Frequenzverlauf des maximalen, A-bewerteten Schalldruckpegels $L_{AFmax,nT}$, gemittelt über 3 Mikrofonpositionen im Raum diagonal unter dem WC bei Spülung ohne Feststoff

Aufgrund der Ergebnisse ist daher die Empfehlung sicherlich sinnvoll, die Schrauben nur so fest anzuziehen, wie nötig. Der Mehraufwand für die „Schelle-auf-Schelle"-Lösung wird in der Praxis hingegen selten zu rechtfertigen sein.

Wie die Untersuchungen gezeigt haben, relativiert sich der Einfluss der Fixierung im Realfall „Spülung mit Feststoff" jedoch wieder. Dies wird durch den normativen Grenzwert jedoch nicht berücksichtigt.

Brandschutz und Luftdichtheit

Die gesamte Schachtkonstruktion wurde so ausgeführt, dass die Mindestanforderungen an den Brandschutz erfüllt waren. Dazu wurde der Schacht in 9 cm BSP ausgeführt, innenseitig mit 12,5 mm GKF verkleidet und an den Durchdringungen des Fallrohres zum Innenraum wurden Brandschutzmanschetten aus einem Edelstahlgehäuse mit innen liegenden, dreidimensional expandierendem Dämmschichtbildner (ab ca. 150 °C) montiert. Die 15 mm breite Toleranzfuge zwischen Schacht und Trenndecke wurde über den gesamten Querschnitt der BSP-Decke mit Mineralwolle ausgestopft und an der Unterseite ca. 15 mm tief mit Brandschutzdichtmasse auf Silikonbasis ausgefüllt. Zusätzlich wurde die Fuge an der Oberseite (Rohdecke) mit Klebeband luftdicht abgeklebt.

Luftdichtheitsmessungen mit Leckageortung wurden vor und nach dieser Abklebung durchgeführt. Die Messungen ergaben eine Luftwechselzahl n_{50} = 1,88 h^{-1} bzw. n_{50} = 1,89 h^{-1}, wobei anzumerken ist, dass die vorhandene Luftwechselzahl in erster Linie durch Leckagen des umgebenden Prüfstandes selbst (Elektroinstallationen, etc.) begründet ist.

Die innerhalb der Messtoleranzen identischen Ergebnisse der Luftdichtheitsmessung zeigen, dass die Fuge bei korrekter brandschutztechnischer Ausführung bereits die Anforderungen an die Luftdichtheit erfüllt und durch die zusätzliche luftdichte Abklebung keine Verbesserung erreicht wird.

Im Sinne eines robusten Luftdichtheitskonzepts darf auf die luftdichte Abklebung jedoch keinesfalls verzichtet werden. Vielmehr soll hier gezeigt werden, dass die Ausführung einer luftdichten Gebäudehülle auch im Bereich von Schächten und deren Durchdringungen bei sorgfältiger Ausführung relativ einfach möglich ist.

Abdichtung in Feuchträumen

Die österreichische Normung schreibt in Feuchträumen bei feuchteempfindlichen, tragenden Teilen zusätzlich zur Abdichtung unter der Fliesenebene eine Abdichtung auf der Rohdecke vor. Gleichzeitig etablieren sich in der Praxis nach und nach Monitoring-Systeme auf Basis der elektrischen Widerstandsmessung, die darauf abzielen, Feuchteschäden unmittelbar bei Auftreten zu detektieren und zu lokalisieren. Durch die Begleitung des Einbaus dieser relativ neuen Systeme wurden die bisherigen Erfahrungen damit erhoben. Hierbei hat sich im Wesentlichen Folgendes ergeben:

- Durch unsauberes Arbeiten können Kontaktfehler auftreten und die Messung beeinträchtigen.
- Die Sensorbänder sind mechanisch zu schützen (z. B. durch ein Schutzvlies), um Beschädigungen durch Folgegewerke zu vermeiden.
- Die Sensorlänge hat einen Einfluss auf die Messwerte, ebenso nahe Metallteile oder z.B. alukaschierte PU-Dämmung. Daher muss die Kalibrierung unbedingt im eingebauten Zustand erfolgen.
- Ggf. ist vor dem Ankleben des Sensors ein Primer aufzutragen, um eine gute Haftung zu gewährleisten.
- Ein Monitoring wirkt sich günstig auf die Vermarktbarkeit von Holzbauten aus, da viele Menschen dem Holzbau aufgrund der Feuchteempfindlichkeit des Baustoffes nach wie vor kritisch gegenüberstehen.

Monitoringsysteme werden in Zukunft unter anderem im Bereich von Feuchträumen eine zunehmend größere Rolle als Ergänzung oder sogar als Ersatz der zweiten Abdichtungsebene spielen.

Das Erfordernis einer solchen zweiten Abdichtungsebene mit seitlichen Hochzügen wird in Fachkreisen seit einiger Zeit eingehend diskutiert. In der Praxis weist sie häufig Ausführungsmängel im Bereich von Durchdringungen und Befestigungsmitteln auf, allerdings meist auch prinzipieller Art: So kann eine zweite Abdichtungsebene grundsätzlich nur dann funktionieren, wenn ein kontrollierter Abfluss und an der Tür eine Schwelle mitsamt Hochzug vorhanden sind. Aufgrund des hohen bautechnischen Aufwandes (Verlegung von Leitungen, Einbringen eines Gefälles) hat sich die Lösung in dieser Form nicht durchgesetzt, sondern wird in der Regel ohne Gefälle oder umlaufenden Abfluss ausgeführt. Hierdurch besteht jedoch die Gefahr einer unbemerkten Durchfeuchtung der Holzkonstruktion [vgl. KÖHNKE 2007, S. 22–27]).

Wenn die oben beschriebenen Ausführungskriterien qualitativ hochwertig hergestellt werden sollen, so gilt dieser Qualitätsanspruch in gleicher Weise für die Anordnung von Befestigungsmitteln, welche die Abdichtungsebene meist zahlreich durchdringen. Daher wurden die Möglichkeiten für eine feuchteschutztechnisch sichere Fixierung von Verrohrungen untersucht. Hierfür wurden verschiedene Varianten von Abdichtungsbahnen in Kombination mit unterschiedlichen Maßnahmen zur Abdichtung der Befestigungsmittel untersucht. Folgende Abdichtungsbahnen kamen zum Einsatz:

- Kunststoff-Schweißbahn auf Basis flexibler Polyolefine (FPO),
- 3,0 mm Bitumen-Kaltselbstklebe (KSK)-Bahn,
- 1,5 mm Bitumen-KSK-Bahn.

An allen drei Bahnen wurden die Befestigungsmittel jeweils allein, mit einem bituminösen Nageldichtband (d = 1,5 mm) und mit dauerelastischer Dichtmasse untersucht (siehe Abb. 5).

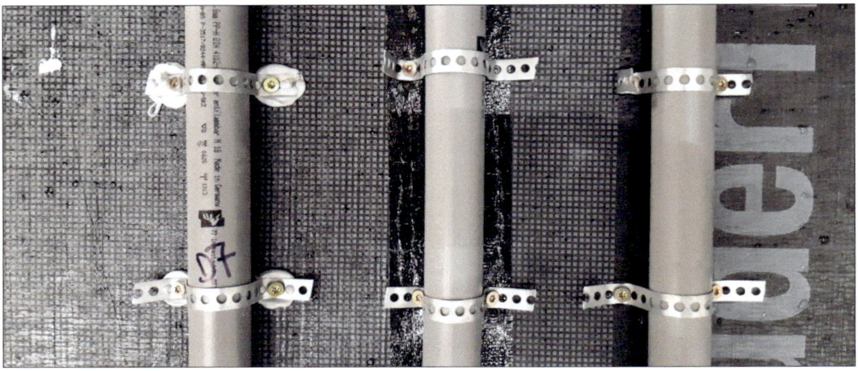

Abb.5: Typische Befestigung einer Rohrleitung mittels Lochband und Schrauben Ø 4,5 mm. Links ohne weitere Abdichtungsmaßnahme, Mitte mit bituminösem Nageldichtband d = 1,5 mm, rechts mit dauerelastischer Dichtmasse.

Nuten mit Abflussbohrung in der Auflagefläche der Bahnen um jede Befestigungsstelle haben dabei sichergestellt, dass etwaig eingetretenes Wasser nicht zu anderen Befestigungsstellen migrieren konnte. Der fertige Probekörper wurde rundum mit einer Aufbordung versehen und im Anschluss mit 10 cm Wasser für 24 Stunden befüllt, danach wurden die Durchdringungsstellen visuell ausgewertet. Die Resultate sind in Abb. 6 zu sehen, wobei die rot dargestellten Probestellen einen Wassereintritt repräsentieren und grüne dicht geblieben sind. Eine weitergehende Differenzierung der Wassereintritte hinsichtlich Quantität wurde nicht vorgenommen.

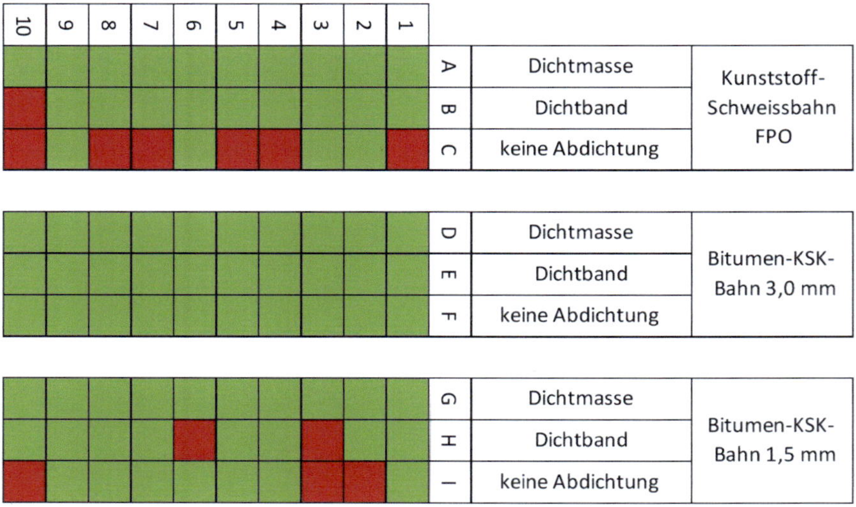

Abb. 6: Darstellung der unterschiedlich ausgeführten Probestellen mit (rot) und ohne (grün) Wassereintritten nach Beaufschlagung mit 10 cm stehendem Wasser für 24 h

Es zeigt sich, dass bei einer Dicke von 3,0 mm bei Bitumenbahnen keine zusätzlichen Abdichtungsmaßnahmen erforderlich sind. Dünnere Bahnen hingegen, so wie die untersuchte Bitumenbahn mit 1,5 mm oder die Kunststoff-Schweißbahn, bedürfen hier zusätzlicher Maßnahmen. Dabei hat sich in beiden Fällen einzig die Variante mit dauerelastischer Dichtmasse als wirklich zuverlässig gezeigt. Die geringe Selbstabdichtung der Kunststoff-Schweißbahn lässt sich dadurch begründen, dass ihr Material im Gegensatz zu bituminösen Bahnen den Schaft der Schraube durch die Erwärmung beim Eindrehen derselben nicht viskos umschließt.

Dennoch werden als Ergebnis dieser Arbeit Kunststoff-Schweißbahnen für den hier diskutierten Einsatzbereich zusammen mit dauerelastischer Dichtmasse an den Durchdringungen durch Befestigungsmittel durchaus empfohlen, da für Rohrdurchdringungen, Eckbereiche und andere Details vorkonfektionierte Formteile zur Verfügung stehen, die mit hoher funktioneller Zuverlässigkeit verarbeitet werden können. Dies gilt gleichermaßen für bituminöse Bahnen oder Bitumen-Kautschuk-Bahnen, sofern der jeweilige Systemgeber vorkonfektionierte Formteile anbietet.

Anstelle eines Gefälles und eines kontrollierten Abflusses kann auch ein Monitoringsystem auf der zweiten Abdichtungsebene eingebaut werden, da so allfällige Wassereintritte ebenfalls erkannt werden. In dem Fall könnte auf die zweite Abdichtungsebene jedoch auch verzichtet werden, wenn aufgrund der Verlegeanordnung sichergestellt ist, dass eingetretenes Wasser nicht an den Sensoren vorbei nach unten dringen kann.

6 Zusammenfassung

Mit der TGA-Matrix erhalten BauherrInnen und BauplanerInnen Hilfsmittel, um sich im Dschungel der zahlreichen TGA-Konzepte und TGA-Komponenten zurechtzufinden. Eine einschlägige Fachplanung, die auf ein einzelnes Bauvorhaben zugeschnitten ist, kann und soll durch diese Broschüre nicht ersetzt werden. Vielmehr soll sie dabei unterstützend wirken, zu Beginn des Planungsprozesses einen Überblick über gangbare Optionen zu geben und so die prinzipielle Marschrichtung in der TGA-Planung vorzugeben.

Nach Auswertung der Ergebnisse und Erfahrungen, die im Rahmen des TGA-Timber-Projektes von den Projektpartnern zusammengetragen wurden, wird ersichtlich, dass die Erarbeitung einer holzbauspezifischen Variante der Leistungsmodelle unbedingt angestrebt werden sollte. Dies nicht nur, um die Abläufe während der Planung und Ausführung flüssiger zu gestalten, sondern auch, um die wirtschaftlichen Potentiale des vorgefertigten Holzbaus zur Gänze zu nutzen. Derzeit werden unter anderem nicht unwesentliche Kosten allein dadurch generiert, dass planungsspezifische und bauliche Abläufe aus dem mineralischen Massivbau dem Holzbau aufgezwungen werden.

Die durchgeführten bauakustischen Untersuchungen am Installationsschacht mit WC ergaben folgende Erkenntnisse:

- Im direkten Vergleich verursachen die Kunststoffschellen eine höhere Geräuschentwicklung als die Metallschellen mit EPDM-Einlage.
- Die Mindestanforderung an Installationsgeräusche ($L_{AFmax,nT}$ < 30 dB(A)) kann durch Rohrschellen mit EPDM-Einlage bei einer reinen Wasserspülung ohne Festkörper erreicht und auch deutlich übertroffen werden.

- Spülungen mit Festkörper (Klopapier, Kittwurst) erzeugen deutlich höhere Schalldruckpegel in den Prüfräumen als reine Wasserspülungen.
- Durch weitere Maßnahmen zur Schallentkopplung an der Metallschelle (Schrauben locker, Schelle auf Schelle) konnte die Schallübertragung in den Raum diagonal unter dem WC weiter reduziert werden.

Hinsichtlich der sekundären Feuchtraumabdichtung wird deren Ausführung nur empfohlen, wenn die Ausführung mit Gefälle und kontrolliertem Abfluss sowie umlaufendem, nicht unterbrochenem Hochzug erfolgt. Für Ecken, Rohr- und Leitungsdurchdringungen sollten vorkonfektionierte Formteile verwendet werden, Durchdringungen durch Befestigungsmittel sollten je nach verwendeter Folie mittels dauerelastischer Dichtmasse abgedichtet werden.

Alternativ können verschiedene Schnellerkennungsmethoden für Wassereintritte (Monitoring-Systeme) zum Einsatz gelangen.

Quellen/Literatur

[1] KÖHNKE, ERNST ULRICH: Schlagregen im Bad? Abdichtung von Bädern und Feuchträumen im Holzbau, in: Holzbau die neue quadriga, 2007, 4. S. 22–27.

Wolffhardt, Rupert
Ing.

2001–2007: Technischer Angestellter, Holzforschung Austria, Bereich Fenster und Türen

2007–2019: Wissenschaftlicher Mitarbeiter, Holzforschung Austria, Bereich Bauphysik

---

Sanierungsbeispiele: Schimmelschäden auf Holz und Holzwerkstoffen

Pia Haun

1 Einleitung

Wasser ist der Feind von verbautem Holz und Holzwerkstoffen, da Materialschäden infolge Quellen und Schwinden entstehen, oder der Verlust von technischen Eigenschaften drohen kann und letztendlich Lebensbedingungen für Pilze und Insekten geschaffen werden. Jeder Sachverständige für Holzschutz sollte in der Lage sein, an Holzkonstruktionen Feuchteschäden und deren Ursachen zu erfassen, Holz zerstörende Insekten und Pilze zu bestimmen und entsprechende Maßnahmen zu empfehlen. Liegen jedoch Schimmelschäden vor, machen sich häufig Wissenslücken breit, insbesondere im Hinblick auf Erfassen und Bewerten, geeigneter Untersuchungs- und geeigneter Sanierungsmethoden. Der Artikel sowie das zu Zeit von der WTA-Gruppe 1.11 erstellte Merkblatt „Schimmel auf Holz" sollen Holzschützer anregen, Kompetenzen in Bezug auf Schimmelschäden zu erwerben oder vorhandene Kompetenzen entsprechend zu erweitern.

2 Erfassung von Schimmelschäden

Ermittlung der Schadensursachen

Schimmelsporen sind in der (Raum-) Luft allgegenwärtig. Damit diese auskeimen können, ist erhöhte Feuchte erforderlich. Für Schimmelpilzwachstum genügt eine über einen längeren Zeitraum vorliegende relative Luftfeuchte von über 70 % an der Oberfläche des Materials. Schimmelpilze sind in der Lage, Nährstoffe aus Ablagerungen (= Biofilm wie Staub, Verschmutzungen, etc.) und aus Baustoffen zu verstoffwechseln.

Grundsätzlich ist zu klären, ob

- Material mit zu hoher Feuchte oder bereits mikrobiell belastetes Material geliefert und eingebaut wurde,
- während der Bauphase ungünstige Raumklimabedingungen vorlagen oder es zu Havarien kam,
- oder ob Wachstumsbedingungen für Schimmelpilze und Bakterien in der Nutzungsphase entstanden sind.

Um dies zu ermitteln, sollten Dokumentationen der Materialfeuchtemessungen aus der Bauphase, die Bauhistorie oder entsprechende Fotos ausgewertet werden.

Abb. 1: ab ca. 70 % relativer Luftfeuchte liegen Lebensbedingungen für mikrobiellen Befall vor, hohe Raumluft- oder Materialfeuchten sind umgehend zu reduzieren

Bildet sich in der Bauphase massiver mikrobieller Befall auf ganzen Bauteilen mit unterschiedlichen Materialien (z. B. Dachstühle, Unterdecken), wird dieser durch Neubaufeuchte oder Havarien verursacht worden sein. Hier sollte der Sachverständige überprüfen, ob in der Planungsphase ein Feuchtemanagement (Eingangskontrollen/Material, Raumklimamessungen, etc.) sowie Notfallpläne (Winterbaustelle, Havarien, etc.) von den Planern entwickelt und in der Ausführungsphase beachtet wurden.

Befall einzelner Baustoffe/ Bauteile weisen auf Befall vor deren Einbau hin.

Haben sich Schäden erst in der Nutzungsphase ausgebildet, sollten zudem vorliegende erforderliche Nachweise sowie Detailausbildungen im Hinblick auf anerkannte Regeln der Technik überprüft und mit dem Ist-Zustand verglichen werden. Liegen unzuträglich hohe Feuchtewerte vor, sind umgehend geeignete Maßnahmen zu ergreifen wie technische Trocknungen.

Abb. 2: durch Neubaufeuchte und fehlendes Feuchtemanagement auf der Baustelle verursachter Schimmelschaden

Abb. 3: Schimmelschaden der Kategorie 3 an einer Flachdachkonstruktion, Ursache: ungenügende Luftdichtheit führte zu erheblichen Schimmelschäden in der Nutzungsphase

Ermittlung des Schadensumfangs/Schimmelschäden

In einem ersten Schritt sollten Materialfeuchtemessungen durchgeführt werden. Hierbei bietet sich beim Holz die elektrische Widerstandsmessung an. Diese gibt die entsprechende Holzfeuchte im Querschnitt an. Da sich Schimmelbefall auf Vollholzoberflächen ausbildet und nur wenige Millimeter in den Querschnitt eindringt, sollte seitens des Sachverständigen mittels hygrothermischer Messverfahren die Mikroklimabedingungen auf entsprechenden Oberflächen überprüft werden.

Abb. 4: hygrothermische Feuchtemessung auf der Oberfläche einer OSB-Platte

Das Verfahren kann auch eingesetzt werden, um Feuchtewerte in losen Baustoffen wie Dämmungen, Schüttungen, etc. zu ermitteln.

Abb. 5: hygrothermische Feuchtemessung, relative Luftfeuchte von über 80 % im Dämmstoff

Zudem haben Metalle und Salze keinen Einfluss auf die Messergebnisse. Die Ergebnisse der Methode (Anzeige der relativen Luftfeuchte und der Temperatur) sind auch für den Laien nachvollziehbar, im Gegensatz zu Messergebnissen in Masseprozent, digits, etc. Bei unauffälligen Feuchtewerten und nicht sichtbarem Befall, kann es je nach Fragestellung sinnvoll sein. Luftproben (insbesondere Partikelsammlungen) analysieren zu lassen oder mittels zertifiziertem Schimmelspürhund weiterführende Hinweise zu erhalten.

Liegen eindeutige Messergebnisse und ein ausreichend andauernder Feuchteeintrag vor (wenige Tage), wird sich mikrobieller Befall ausbilden. Jedoch ist dieser nicht immer augenscheinlich. In diesen Fällen sowie bei strittigem Befall, sind sachverständig Proben zu nehmen und an ein auf die Analyse von Schimmelschäden spezialisiertes Labor zu senden. Bei der Probenahme bieten sich unterschiedliche Methoden an, abhängig von der jeweiligen Aufgabenstellung. Mittels Folienkontaktproben lassen sich Oberflächen beproben.

Abb. 6: Beprobung einer Holzoberfläche mittels Folienkontaktprobe

Auch mittels Direktmikroskopie einer Materialprobe können Fragen nach mikrobiellem Befall und der Befallstiefe beantwortet werden. Zudem können von Materialproben Suspensionen erstellt werden, die hinsichtlich der

- Gesamtzellzahl,
- biologische Aktivität,
- koloniebildende Einheiten

analysiert und ausgewertet werden.

Abb. 7: Probennahme an Holzbalken

Bezüglich der Schadenstiefe sollte der Sachverständige die Beteiligten darüber informieren, dass bei Vollholzprodukten Schimmelbefall nur wenige Millimeter ins Holz reicht, während bei Holzwerkstoffen und Dämmungen der gesamte Querschnitt geschädigt sein kann. Dieses Grundwissen ist entscheidend für die Sanierungsplanung und den Erfolg der Gesamtmaßnahme.

Bewertung des Schadens

Zur Bewertung sichtbarer Schimmelschäden ist Tabelle 8 des 2017 erschienen Schimmelleitfadens heranzuziehen:

Tabelle 8

Bewertung von Materialien mit an Oberflächen feststellbarem, meist sichtbarem Schimmelbefall

Schadensausmaß	Kategorie 1 Normalzustand bzw. geringfügiger Schimmelbefall	Kategorie 2 Geringer bis mittlerer Schimmelbefall	Kategorie 3 Großer Schimmelbefall
Ausdehnung in der Fläche und in der Tiefe	geringe Oberflächenschäden < 20 cm²	oberflächliche Ausdehnung < 0,5 m², tiefere Schichten sind nur lokal begrenzt betroffen	große flächige Ausdehnung > 0,5 m², auch tiefere Schichten können betroffen sein
Daraus resultierende mikrobielle Biomasse	keine bzw. sehr geringe mikrobielle Biomasse	mittlere mikrobielle Biomasse	große mikrobielle Biomasse

In die Bewertung ist jedoch die tatsächliche Größe des Schimmelschadens (sichtbarer plus nicht sichtbarer Befall) einfließen zu lassen. Gerade bei Schäden infolge Neubaufeuchte sind diese häufig der Kategorie 3 zuzuordnen.

Abb. 8: Schimmelschaden infolge Neubaufeuchte, der sichtbare Schaden ist < als 0,5 m², der tatsächliche Schimmelschaden ist gemäß [1] in die Kategorie 3 einzustufen

3 Sanierungsplanung

Sanierungsziele

Spätestens mit Beginn der Sanierungsplanung sollte der Sachverständige nach einer fundierten Beratung seines Auftraggebers Sanierungsziele festschreiben wie z. B.:

- Beseitigung mikrobiellen Befalls,
- Beseitigung sichtbaren mikrobiellen Befalls,
- Beseitigung innenraumluftrelevanten Befalls,
- Abschotten des Befalls,
- Biozidbehandlung,
- Keine Beseitigung des mikrobiellen Schadens.

Dabei sollte der Sachverständige darüber aufklären, dass ein Schimmelschaden nur durch Entfernung von Biomasse entfernt werden kann. Eine Biozidbehandlung entspricht nicht den anerkannten Regeln der Technik, da Schimmelpilze und Bakterien nur abgetötet, jedoch nicht beseitigt werden. Zudem widerspricht das Verfahren der Biozidverordnung.

Grundsätzlich sollte der Planer seinen Auftraggeber darüber informieren, dass durch eine Abschottung kein mikrobieller Schaden beseitigt wird und der „Erfolg“ dieser Maßnahme nicht nur aufwendig zu planen und auszuführen ist, sondern auch mit erheblichen Unsicherheiten behaftet ist. Abschottungen unterlaufen nach Auffassung der Autorin den Präventionsgedanken bezüglich potentieller Gesundheitsgefährdungen und können in vielen Fällen zu fehleranfälligen Konstruktionen führen. Deshalb sollte diese Methode nur als Sonderlösung in begründeten Ausnahmefällen realisiert werden.

Situation vor Ort

Bei der weiteren Planung hat sich der Sachverständige mit den örtlichen Gegebenheiten wie Konstruktion, verwendeten Baustoffen, Geometrie des Schadensbereich, vorliegende Materialschäden, Nutzung etc. zu befassen, damit die Planung später auch tatsächlich vor Ort umgesetzt werden kann. Bei einem Verlust der bauaufsichtlichen oder zugesicherten Materialeigenschaften kann ein Rückbau aus technischen Gründen erforderlich werden. Je nach verwendetem Bauprodukt kann ein mikrobieller Schaden nur durch Rückbau beseitigt werden.

4 Sanierungsmethoden

Für die Sanierung sind Methoden zu wählen, mit denen die durch den Auftraggeber festgelegten Sanierungsziele zu erreichen sind. Grundsätzlich sollte mit Beginn der eigentlichen Sanierungsarbeiten locker aufsitzende Biomassemittels H-Sauger entfernt werden. Weiterer Schimmelbefall auf Vollholzbauteile lässt sich in zugänglichen Bereichen mit mehr oder minder stark abrasiven Verfahren entfernen:

- Reinigung mit Pads,
- Bürsten, Hobeln und Schleifen,
- Trockeneisstrahlen,
- Latexverfahren.

Dabei sollte der Sachverständige im Gutachten ausführen, welche Vor- und Nachteile einzelne Verfahren haben und welche Sanierungserfolge erzielt werden können. In den meisten Fällen wird eine Kombination verschiedener Verfahren anzuwenden sein.

Abb. 9: durch den Einsatz einer ungeeigneten Sanierungsmethode durch eine Firma ohne Sachkunde wurden Oberflächen augenscheinlich nicht gereinigt und der Schimmelbefall nachweislich nicht entfernt, an der Holzoberfläche sind optische Folgeschäden entstanden

Abb. 10: beim Reinigen mit Pads ist die Faserrichtung zu beachten

Abb. 11: Reinigung einer Vollholzoberfläche mit rotierenden Bürsten

Abb. 12: Reinigung von Vollholz mittels Trockeneisstrahlens

Der Auftraggeber sollte im Vorfeld darüber informiert werden, dass Bläuebefall, der nicht innenraumluftrelevant ist, durch kein Verfahren beseitigt werden kann. Hier sind bei Sichtbauteilen individuelle Lösungen zu unterbreiten.

Abb. 13: nach der Sanierung augenscheinlicher, jedoch nicht innenraumluftrelevanter Bläueschaden an Vollholzbalken

Der Sachverständige sollte schriftlich darauf hinweisen, dass abrasive Verfahren nur in zugänglichen Bereichen den Schimmelbefall entfernen können, jedoch nur eingeschränkt oder gar nicht in Knotenpunkten, Rissen und so weiter. Bei stark abrasiven Verfahren an tragenden Bauteilen ist bereits bei der Planung der Sanierung ein Tragwerksplaner einzuschalten.

Da Holzwerkstoffe meist bis in große Tiefen befallen sein können, ist es nicht zielführend, die Biomasse abrasiv zu beseitigen.

Bei der Planung und Ausführung der Sanierung sind gesetzliche Bestimmungen wie BioStoffV, ArbSchG aber auch die DGUV-I 201-028 zu beachten.

5 Sanierungskontrolle

Schlussendlich wird empfohlen, den Sanierungserfolg mit geeigneten, auf die vereinbarten Sanierungsziele abgestimmten Methoden zu kontrollieren. Grundsätzlich sollte zuerst eine Sichtprüfung durchgeführt werden.

Abb. 14: Staubablagerung auf senkrechter Oberfläche, augenscheinlich ist die Feinreinigung nicht erfolgreich durchgeführt worden

Je nach Sanierungsziel sind Beprobungen von Holzoberflächen oder der Raumluft erforderlich, um den Erfolg nachzuweisen.

Abb. 15: Sanierungskontrolle mittels Partikelsammlung unter Beachtung [9]

Zusätzlich kann es im Holztafelbau sinnvoll sein, vor Abnahme der Sanierungsleistung abschließend (erneut) die Luftdichtheit zu überprüfen.

6 Zusammenfassung

Ist ein Schimmelschaden an Holzkonstruktionen zu begutachten, ist mittels Inaugenscheinnahme, Feuchtemessungen oder Analysen der Schadensumfang festzustellen. Gleichzeitig sind die Ursachen für unzuträglichen Feuchteeintrag zu ermitteln und zu beseitigen. Nach Vorgabe des Sanierungsziels hat der Sachverständige geeignete Methoden vorzustellen, die letztendlich dazu führen, dass die vereinbarten Sanierungsziele erreicht werden. Vor der Abnahme der Arbeiten sollten geeignete Sanierungskontrollen durchgeführt werden, um den Sanierungserfolg zu ermitteln.

Quellen/Literatur

[1] Umweltbundesamt, Innenraumlufthygiene-Kommission des Umweltbundesamtes (2017): „Leitfaden zur Vorbeugung, Erfassung und Sanierung von Schimmelbefall in Gebäuden“, Umweltbundesamt, Dessau-Roßlau.

[2] Berufsgenossenschaft der Bauwirtschaft, DGUV Information 201-028 (2006): „Handlungsanleitung Gesundheitsgefährdungen durch biologische Arbeitsstoffe bei der Gebäudesanierung“, Berufsgenossenschaft der Bauwirtschaft, Berlin.

[3] Deutscher Holz- und Bautenschutzverband e.V. (2015): „Schimmelpilzbefall an Holz und Holzwerkstoffen in Dachstühlen“, DHBV GmbH, Köln.

[4] Dinger, Björn (2019) „Schimmel im Dachstuhl – alles muss raus?“, Handout zur 23. Pilztagung, Wiesbaden.

[5] Haun, Pia (2019) „Sanierungsplanung und Sanierungstechniken bei Schimmelschäden auf Holz“, Handout zur 23. Pilztagung, Wiesbaden.

[6] Meider, Judith (2016): „Schimmelpilzanalytik: Grundlagen, Methoden, Beispiele“, Verlagsgesellschaft Rudolf Müller GmbH & Co. KG, Köln.

[7] Messal, Constanze (2018), „Schimmel in Innenräumen, Erkennen, Bewerten und Sanieren“, Fraunhofer IRB Verlag, Stuttgart.

[8] Steinfurth, Angela (2019) „Holzbesiedelnde Pilze – Ein Überblick“, Handout zur 23. Pilztagung, Wiesbaden.

[9] Wissenschaftlich-Technische Arbeitsgemeinschaft für Bauwerkserhaltung und Denkmalpflege e.V., Referat 4: Mauerwerk/Bauwerksabdichtung, WTA-Merkblatt, 4-12-16/D: „Schimmelpilzschäden: Ziele und Kontrolle von Schimmelpilzschadensanierungen in Innenräumen“, Fraunhofer IRB Verlag, Stuttgart.

Alle Fotos (Abb. 1 bis 15): Pia Haun

Haun, Pia
Dipl.-Ing. (FH)

seit 2016:	Mitglied der WTA-Arbeitsgruppe 1.11: „Schimmel auf Holz- und Holzwerkstoffen“
2012:	Gründung des Ingenieur- und Sachverständigenbüro Pia Haun Öffentliche Bestellung und Vereidigung durch die IHK Trier als Sachverständige für Holzschutz
2011:	Mitglied im Sachverständigenkreis des DHBV Mitglied des Fachausschusses „Sachkunde" des BSS e.V.
2009:	Sachverständige für Schimmelsanierung
1998:	Gründung des Ingenieurbüro Robert Haun und Pia Haun
1991:	Abschluss des Bauingenieurstudiums an der Hochschule Trier

Biologische Bekämpfung mit Nützlingen – Wohin geht die Reise im Holzschutz?

Tilo Haustein

1 Einleitung

Im Holzschutz ist die praktische Anwendung biologischer Methoden zur Schädlingsbekämpfung eher als zurückhaltend zu bezeichnen. Tendenzen zur einer Etablierung biologischer Methoden sind jedoch nicht zu übersehen. Während in der Landwirtschaft die biologische Bekämpfung im Rahmen der Integrierten Schädlingsbekämpfung einen festen Platz einnimmt und in der Forstwirtschaft zunehmend an Bedeutung gewinnt, bedarf es im Holzschutz noch weiterer Anstrengungen. Es ist zu erwarten, dass auf europäischer und nationaler Ebene weitere Einschränkungen im Biozidrecht erfolgen. Diese Situation lässt biologische und biotechnologische Methoden im Holzschutz zunehmend in den Fokus rücken. Zugleich wird in Verbraucherkreisen ein Verzicht oder eine Minimierung im Biozideinsatz gewünscht und nach alternativen biozidfreien Bekämpfungsmaßnahmen gefragt.

Ein Hinwenden zu biologischen Methoden im Holzschutz ist seit ungefähr 2005 festzustellen. Als Einstand in Deutschland ist der Praxisversuch mit der Lagererzwespe *Lariophagus distinguendus* zur Bekämpfung des Gewöhnlichen Nagekäfers am Cranach-Altar im Erfurter Dom zu sehen [14]. Die Holzschutzforschung hat sich daraufhin dem Thema der biologischen Bekämpfung angenommen.

Für die Etablierung biologischer Bekämpfungsmethoden, kann für den Holzschutz inzwischen von erheblichen Fortschritten in Forschung und Praxis gesprochen werden.

2 Zur biologischen Schädlingsbekämpfung

Die Anfänge der biologischen Schädlingsbekämpfung gehen auf das 19. Jahrhundert zurück. Aufgrund von Ernteverlusten in kalifornischen Orangenhainen durch die eingeschleppte Wollschildlaus *Icerya purchasi* wurden in den USA im Jahre 1888 Versuche mit räuberischen Gegenspielern (Prädatoren) durchgeführt [11]. Zur Anwendung kam damals das Ansiedlungsverfahren. Aus Australien wurde die Marienkäferart *Rodolia cardinalis* eingebürgert und in den von der Wollschildlaus befallenen Orangenplantagen freigelassen. Die Aussetzung des Marienkäfers war ein Erfolg. Er vermehrte sich stark und bereits Ende 1889 hatte man die Gefährdung durch die Wollschildlaus im Griff.

Nach einer älteren Definition von FRANZ, J.M. (1961) ist die biologische Schädlingsbekämpfung die „Anwendung von Lebewesen (Antagonisten) zur Populationsbegrenzung schädlicher Tiere und Pflanzen“ [11]. Durch den Einsatz von Antagonisten mit einem möglichst engen Wirtsbereich soll die Reduktion von schädlichen Insektenpopulationen durch natürliche Feinde erreicht werden. Zur biologischen Schädlingsbekämpfung zählt man inzwischen aber auch die gezielte Stärkung der Widerstandsfähigkeit gegenüber Schadorganismen und die Schonung des Nützlingsbestandes durch nichtbiologische Bekämpfungsmaßnahmen.

Die wichtigste Voraussetzung für die Einführung biologischer Schädlingsbekämpfungsmaßnahmen ist neben taxonomisch-systematischen Aspekten die Kenntnis zur Biologie, Physiologie und Ökologie der betreffenden Arten.

Ziel der biologischen Schädlingsbekämpfung ist es, durch den Einsatz von planmäßig zugeführten Gegenspielern die Populationsdichte von Schadorganismen unterhalb einer ökonomisch definierten Schadensschwelle zu regulieren.

Es wird eine Populationsbegrenzung – im Hinblick auf einen tolerierbaren wirtschaftlichen Schaden – und keine Ausrottung angestrebt. Als Methoden für die biologische Schädlingsbekämpfung kommen das

- Ansiedlungsverfahren (Inokulation) und das
- Überschwemmungsverfahren (Inundation)

in Betracht, aber auch

- die Förderung und Erhaltung vorhandener Nützlingspopulationen [11].

Für den Holzschutz wird insbesondere das Überschwemmungsverfahren favorisiert. Dafür sind kommerzielle Massenzuchten von Nützlingen notwendig und deren gezielte periodische Freisetzung mit Wiederholung. Die Überschwemmungsmethode hat sich bisher in Gewächshäusern im Zierpflanzenbau bewährt, da hier gut steuerbare ökologische Systeme vorliegen. Zugleich bestehen aus der Sicht des Unterzeichners übertragbare Strategien des integrierten Pflanzenschutzes auf den Holzschutz (Abb. 1).

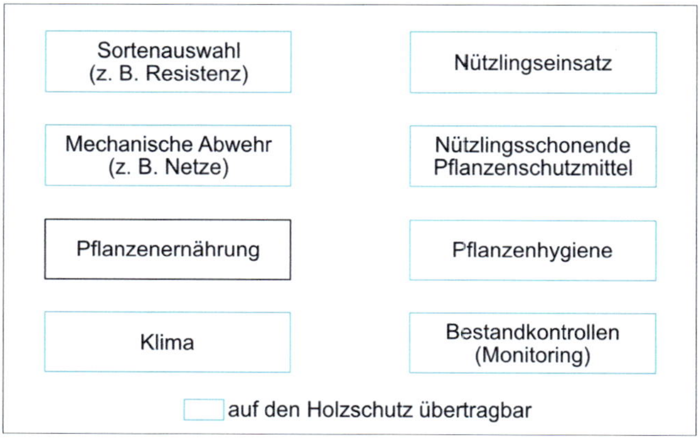

Abb. 1: Aus dem Pflanzenschutz der Landwirtschaft übertragbare Strategien auf den Holzschutz

Das Ansiedlungsverfahren mit der Einfuhr von Insekten aus fremdem Herkunftsgebiet und deren Einbürgerung in Deutschland dürfte für den Holzschutz vermutlich nicht in Betracht kommen. Es ist von geringen Erfolgsaussichten gegenüber den bodenständigen einheimischen Schadorganismen auszugehen. Auch dürfte eine Hemmung durch die bestehende Gesetzeslage zu erwarten sein.

3 Beispiele aus Landwirtschaft und Forst

Aus der Landwirtschaft gibt es in großer Anzahl Beispiele für die Anwendung biologischer Methoden. Als Nützlinge werden u. a. Raubwanzen, mehrere Schlupfwespenarten, Nematoden und Raubmilben eingesetzt. Standard ist in vielen Gärtnereien die Anwendung von Nützlingen gegen z. B. die Gewächshausmottenschildlaus *(Trialeurodes vaporariorum)*, die auch als Weiße Fliege bezeichnet wird, an Weihnachtssternen oder die Raubmilbenart *Amblyseius cucumeris* gegen Thripse (Fransenflügler) bei Pelargonien. Die Anwendung erfolgt, um auf chemische Maßnahmen verzichten zu können und die Farbintensität von Blumen und Pflanzen nicht zu minimieren. Auch wird der Wuchs kräftiger, die Wurzelbildung besser und die Menschen können täglich an der Pflanze arbeiten.

Aktuell werden erneut Orangenplantagen bedroht. Der nur ca. 4 mm große asiatische Zitrusblattfloh (*Diaphorina citri*) überträgt die Baumkrankheit Citrus Greening (Gelbe Drachenkrankheit). Vor allem die USA, China und Brasilien sind betroffen.

Durch das Aufnehmen von Pflanzensäften eines infizierten Baumes überträgt der Zitrusblattfloh das Bakterium weiter. Durch die Infektion ist das Wachstum und die Reifung der Orangen gestört, denn das Bakterium behindert den Nährstofftransport des Baumes von den Wurzeln bis zur Krone. Der Baum stirbt in der Folge ab. Für die Bekämpfung des winzigen Blattflohs wird die Erzwespe *Tamarixia radiata* eingesetzt [6], [12]. Diese Wespe als natürlicher Feind des Krankheitsüberträgers wird gezüchtet. Darüber hinaus sind auch die im Holzschutz verwendeten Monitoringmaßnahmen im Bekämpfungsportfolio gegen asiatische Zitrus-Psyllide mit enthalten.

Ebenso wie in der Landwirtschaft bedrohen auch mehrere Schädlinge den Forst. Millionen von Eschen sterben beispielsweise in mehreren Bundesstaaten der USA durch den Asiatischen Eschenprachtkäfer (*Agrilus planipennis*) ab [1]. Das äußere Anzeichen für den Befall ist das Absterben der Baumkrone. Um den Eschenprachtkäfer – auch als „smaragdgrüner Eschenbohrer“ bezeichnet – zu bekämpfen, wird auf die Brackwespe *Spathius agrili* und auf die Erzwespe *Tetrastichus planipennisi* gesetzt [5]. Die Wespen werden in Massen gezüchtet und im Freiland ausgesetzt. Ein weiterer Fokus in der biologischen Bekämpfung im Wald ist auf Buntkäfer der Thanasimus-Arten zur Kontrolle der Borkenkäferbefälle ausgerichtet [4], [13].

4 Stand der biologischen Bekämpfung im Holzschutz

Es gibt eine Vielzahl an Schädlingen und Lästlingen im Gebäude. Antagonisten, die im natürlichen Lebensraum auftreten, sind in der Regel weniger verbreitet. Die im Gebäude üblicherweise vorkommenden Mengen an Nützlingen sorgen auch nicht für die Kontrolle der Schädlinge (Tab. 1). Ziel der biologischen Bekämpfung ist es daher, die Präsenz an Nützlingen im Bauwerk zu erhöhen beziehungsweise zu steigern, um die Schädlinge auf ein fixes Maß unter einem Schwellenwert zu halten. Dazu sind Zuchten von Nützlingen notwendig.

Für den Holzschutz kann festgestellt werden, dass das Potential der biologischen Bekämpfung noch nicht ausgeschöpft ist.

Derzeit wird in Deutschland die Entwicklung biologischer Bekämpfungsmethoden im Holzschutz vorangetrieben. Eine Markteinführung für die parasitoide Brackwespe *Spathius exarator* als Gegenspieler des Gewöhnlichen Nagekäfers (*Anobium punctatum*) ist bereits erfolgt. Zugleich erfolgen seit 2008 wissenschaftliche Untersuchungen mit prädatorischen Buntkäfern, um deren Eignung für die biologische Bekämpfung gegen Nagekäferarten zu testen [7]. Hier steht insbesondere der Blaue Fellkäfer (*Korynetes caeruleus*) im Fokus [8]. Als erfolgsversprechend wird besonders ein kombinierter Einsatz von Wespe und Käfer angesehen.

Ordnung	**Familie**	**Art**
Käfer (Coleoptera)	Buntkäfer (Cleridae)	*Korynetes caeruleus*
Käfer (Coleoptera)	Buntkäfer (Cleridae)	*Opilo domesticus*
Käfer (Coleoptera)	Buntkäfer (Cleridae)	*Opilo mollis*
Käfer (Coleoptera)	Zipfelkäfer (Malachiidae)	*Anthocomus bipunctatus*
Hautflügler (Hymenoptera)	Brackwespen (Braconidae)	*Spathius exarator*
Hautflügler (Hymenoptera)	Ameisenwespchen (Bethylidae)	*Cephalonomia gallicola*
Hautflügler (Hymenoptera)	Erzwespen (Chalcidoidea)	*Theocolax formiciformis*
Samt- / Laufmilben (Trombidiformes)	Kugelbauchmilben (Pyemotidae)	*Pyemotes ventricosus*

Tab. 1: Auswahl an Antagonisten des Gewöhnlichen Nagekäfers (Anobium punctatum)

5 *Spathius exarator* als Gegenspieler

Für den Einsatz der parasitoiden Wespe *Spathius exarator* in der biologischen Schädlingsbekämpfung gegen den Gewöhnlichen Nagekäfer liegen inzwischen bereits acht Jahre Praxiserfahrung vor. Im Jahr 2010 begann ein Nürnberger Unternehmen mit der Zucht der Brackwespe *Spathius exarator* (Abb. 1 und 2). Bereits zwei Jahre später war eine Wespenzucht etabliert und es erfolgten Labor- und Praxistests (Abb. 3 bis 6).

Im Labortest wurde anhand neuer Ausschlupflöcher an Holzproben die Parasitierung von *Anobium punctatum* Larven untersucht. Es wurde gezeigt, dass drei Monate nach der Zuführung der parasitoiden Wespen 79 % der *Anobium punctatum* Larven parasitiert waren und am Ende des Experiments nach 10 Monaten 98 % der Nagekäferlarven getötet waren [2].

Neben den Labortests wurden auch Praxistests in verschiedenen Kirchen in den Jahren 2012 und 2013 durchgeführt [3]. Anhand summarisch erfasster Ausschlupflöcher vom Holzschädling *Anobium punctatum* und der Wespe *Spathius exarator* mittels Papierabklebungen am Gestühl wurde gezeigt, dass eine Reduzierung im Nagekäferbefall um 80 % nachweisbar war [2]. Im sechsten Jahr nach Behandlungsbeginn betrug die Reduzierung des Nagekäferbefalls bis 91 %. Die kumulative Parasitierungsrate aller behandelten Objekte war signifikant höher als vor Behandlungsbeginn [10].

Im praktischen Einsatz wird eine dreijährige Behandlung eines Objekts mit mindestens zwölf Wespenfreisetzungen pro Jahr empfohlen. Pro Behandlung werden im Durchschnitt etwa 500–600 Wespen freigelassen. Eine Nachbehandlung sollte einmal im Jahr erfolgen, ergänzend mit einem begleitendem Monitoring.

Abb. 1: adulte Spathius exarator ♀

Abb. 2: Wespe mit Größenmaßstab [mm]

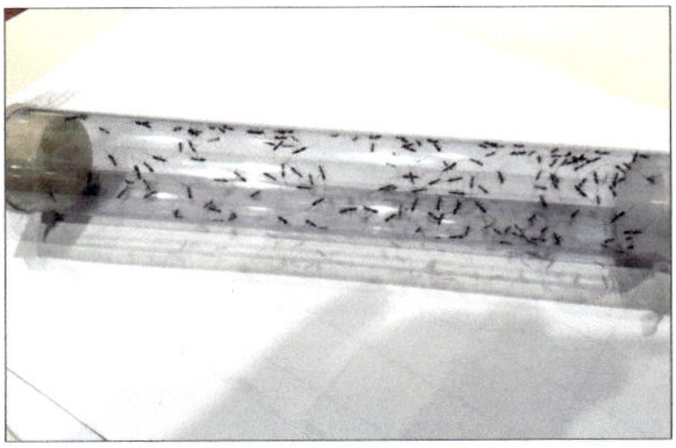

Abb. 3: Wespen im Transportbehältnis

Abb. 4: zum Aussetzen vorbereitete Wespen

Abb. 5: Aussetzen von Wespen

Abb. 6: freigesetzte Wespen auf dem Holzsubstrat

6 Buntkäfer als Gegenspieler

An der Bundesanstalt für Materialforschung und -prüfung in Berlin wird derzeit mit verschiedenen Partnern am Aufbau einer Buntkäferzucht geforscht. Um das Potential eines Räubers zur erfolgreichen Bekämpfung einer Schädlingsart in Gebäuden zu bewerten, sind zuverlässige Lebensverlaufsdaten zum Nützling erforderlich. Zugleich soll die Eignung von Buntkäfern für das Überschwemmungsverfahren untersucht werden.

Zielorganismus ist der häufig vorkommende Blaue Fellkäfer *Korynetes caeruleus* (Abb. 7 bis 10). Es werden Daten zur Biologie, Physiologie und Ökologie der Art erhoben. Die Züchtung einer Generation ist erfolgreich im Labor gelungen.

Für den Aufbau einer Zucht wurden über mehrere Jahre Larven und adulte Käfer örtlich im Bauwerk aufgesammelt. Um die Sammlung zu erleichtern wurden verschiedene Köder im Bauwerk getestet. Es wurden künstliche Holzdiäten mit Larven von *Anobium punctatum* und anobiengeschädigte Holzköder angeboten (Abb. 11 und 12), wobei die Anordnung der Köder im Bauwerk paarweise (je eine Diät und eine Holzprobe zusammen) erfolgte.

Parallel zum Feldversuch wurden videoüberwachte Experimente mit spezifischen Lockstoffsubstraten zur Spontananwahl der Buntkäfer im Labor durchgeführt. Dafür wurden zwei Flugkäfige als Versuchsarena mit einem Volumen von 1 m³ mit fünf Ködertypen verwendet, die

- aus Diäten mit und ohne Anobienbesatz,
- aus anobiengeschädigtem sowie ungeschädigtem Hölzern und
- aus Anobienlarven ohne Substrat

bestanden. Die Buntkäfer wurden jeweils ins Zentrum platziert und die Spontananwahl hinsichtlich der Köder beobachtet. Ergänzend zur Versuchsarena wurden Tests mit einem y-förmigen Glasolfaktometer durchgeführt.

In der Versuchsarena konnte festgestellt werden, dass die Käfer sehr lauffreudig sind. Die Bevorzugung eines der angebotenen Substrate war nicht feststellbar. Im Glasolfaktometer konnte eine Laufbereitschaft der Käfer erkannt werden, wenn die Versuche im Dunkeln und bei gepulstem Luftstrom erfolgten. Eine eindeutige Aussage zum

Orientierungsverhalten des Blauen Fellkäfers, auch bei einem Duftangebot von *Anobium punctatum*, war jedoch nicht erzielbar.

Mit dem Aufbau einer Zucht des Blauen Fellkäfers wurden neben den Zuchtparametern umfängliche Daten zur Entwicklung, zur Konsumtion von Beute, zum Fraßverhalten, zur Diapause etc. erhoben [9]. Die Versuchsergebnisse mit dem Buntkäfer stimmen zuversichtlich, demnächst mit Wirksamkeitsstudien zur biologischen Kontrolle von *Anobium punctatum* zu beginnen.

Bild 7: adulter Blauer Fellkäfer

Bild 8: Puppe des Blauen Fellkäfers im Holz

Bild 9: Larve des Blauen Fellkäfers im Holzsubstrat

Bild 10: Larve des Blauen Fellkäfers auf der Holzoberfläche

Bild 11: Holzköder aus anobiengeschädigtem Holz

Bild 12: Köder aus künstlicher Diät

7 Ausblick

Als natürliche Feinde der Holzinsekten sind mehrere Nützlingsarten bekannt. Für den Holzschutz ist das Potential der biologischen Bekämpfung noch nicht ausgeschöpft.

Parasitoide Wespen und räuberische Buntkäfer stehen im Fokus der biologischen Bekämpfung. Für die Wespen ist eine Markteinführung bereits erfolgt. Bezüglich der Buntkäfer sind die Grundlagen für die Etablierung einer Zucht mit *Korynetes caeruleus* gelegt. Vorteile werden in der Kombination von parasitoider Wespe und Buntkäfer erwartet, denn die Wespe erreicht ihren Wirt nur bis maximal 9 mm Tiefe im Holz, der Buntkäfer hingegen dringt tiefer in den Holzquerschnitt ein.

Es ist zu erwarten, dass die biologische Bekämpfung gegen Holz zerstörende Insekten ihren Einsatzschwerpunkt in den Bereichen erhalten wird, wo der Befallsdruck unter einem günstigen Kosten-Nutzen-Verhältnis reduziert werden soll und eine vollständige Abtötung nicht zwingend notwendig ist. Hierbei werden zukünftig Lebensdauerdaten von Gebäuden und die Einführung von Schwellenwerten – ähnlich wie in der Landwirtschaft – eine maßgebende Rolle spielen. Dies wird auch ein Umdenken in der Bewirtschaftung und Unterhaltung von Gebäuden mit sich bringen. Zugleich bietet die biologische Bekämpfung Vorteile bei verbauten Teilen, die nicht demontiert werden können und bei wertvollem Kulturgut kann die Originalität bewahrt werden. Im Portfolio der integrierten Schädlingsbekämpfung (IPM) wird die biologische Bekämpfung zukünftig einen festen Bestandteil einnehmen.

Die auf europäischer Ebene zukünftig zu erwartende weitere Einschränkung von Bioziden rechtfertigt den Forschungsaufwand zur biologischen Schädlingsbekämpfung. Die Minimierung des Biozideinsatzes ist ein Beitrag für den Umweltschutz. Integrierte Methoden leisten diesen Anspruch.

Literatur

[1] ANONYMUS (2013): Cooperative Emerald Ash Borer Project. (Karte der betroffenen Regionen in den Vereinigten Staaten), www.emeraldashborer.info/files/MultiState_EABpos.pdf.

[2] AUER, J., KASSEL, A.: Braconid Wasps (2014): A Biological Control Method for the Common Furniture Beetle. Proceedings of the Eighth International Conference on Urban Pests, Zürich, Ed.: Müller G., Pospischil, R., Robinson, W.H., S. 335–340.

[3] BIEBL, S., AUER, J. (2017): Practical use of braconid wasps for control of the common furniture beetle (Coleoptera: Anobiidae). In: Proceedings of the Ninth International Conference on Urban Pests, Ed.: Davis, M.P., Pfeiffer, C., Robinson, W.H., S. 367–375.

[4] FAULDS, W. (1987): Improved Technicus for the Laboratory Rearing of Thanasimus formicarius, New Zealand Journal of Forestry Science 18(2), S. 187–190.

[5] GOULD, J.S., BAUER, L.S., LELITO, J., DUAN, J. (2013): Emerald Ash Borer Biological Control Release and Recovery Guidelines. www.aphis.usda.gov/plant_health/plant_pest_info/emerald_ash_b/downloads/EAB-FieldRelease-Guidelines.pdf.

[6] HALL, D.H. (2008): Biological control of *Diaphorina citri.* In: Proceedings of the International Workshop on Huanglongbing of citrus (*Candidatus* Liberibacter) and the Asian Citrus Psyllid (*Diaphorina citri)*, Hermosillo, Sonora, Mexico, 7–9 May.

[7] HAUSTEIN, T. (2010): Zur Diagnose und integrierten Bekämpfung Holz zerstörender Insekten unter besonderer Berücksichtigung der Buntkäfer (Coleoptera, Cleridae) als deren natürliche Gegenspieler in historischen Gebäuden. Stuttgart: Fraunhofer IRB Verlag, 2010.

[8] HAUSTEIN, T., HAUSTEIN, V. H., VON LAAR, C., NOLDT, U. (2014): Natürliche Feinde im Bauwerk - Ein Beitrag zur Lebensweise und Bestimmung von synanthropen Buntkäferarten (Coleoptera, Cleridae). In: EIPOS-Tagungsband Holzschutz 2014, Stuttgart: Fraunhofer IRB Verlag.

[9] HAUSTEIN, T., BUSWEILER, S., HAUSTEIN, V. H., VON LAAR, C., PLARRE, R. (2019): Laboratory breeding *Korynetes caeruleus* (Coleoptera: Cleridae) for the biological control of *Anobium punctatum* (Coleoptera: Ptinidae). European Journal of Entomology, 2019, page 362–371.

[10] KASSEL, A., OPITZ, Ch., AUER, J. (2018): Retrospect, insights and foresights: Biological control of *Anobium punctatum* with *Spathius exarator.* In: 12th International woking Conference on Stored Product Protection, Berlin, October 7-11.

[11] KRIEG, A., FRANZ, J.M. (1989): Lehrbuch der biologischen Schädlingsbekämpfung. Berlin, Hamburg: Verlag Paul Parey.

[12] PLUKE, R.W.H., QURESHI, J.A., STANSLY, P.A. (2008): Citrus flushing patterns, *Diaphorina citri* (Hemiptera: Psyllidae) populations and parasitism by *Tamarixia radiata* (Hymenoptera: Eulophidae) in Puerto Rico. Florida Entomologist 91, S. 36–42.

[13] REEVE, J.D., ROJAS, M.G., MORALES-RAMOS, J.A. (2003): Artificial diet and rearing methods for *Thanasimus dubious* (Coleoptera: Cleridae), a predator of bark beetles (Coleoptera: Scolytidae), Elsevier Science (UAS), Biological Control 27, S. 315–322.

[14] STEIDLE, J.L.M., GANTERT, C., NOLD, U., PROZELL, S., SCHÖLLER, M. (2006): Bekämpfung von holzzerstörenden Käfern durch Massenfreilassungen der Lagererzwespe: Fiktion und Fakten. In: Holzschädlinge im Fokus – Alternative Maßnahmen zur Erhaltung historischer Gebäude. Beiträge der internationalen Tagung im LWL-Freilichtmuseum Detmold, Hrsg.: Noldt, U., Michels, H., 28.–30. Juni, S. 163–172.

Haustein, Tilo
Dr.-Ing.

1991–1993: wissenschaftlicher Mitarbeiter am Bauinstitut Hamburg-Harburg GmbH und Zusammenarbeit mit dem Lehr- und Forschungsbereich Bauphysik und Baustoffe im Bauwesen der TU Hamburg-Harburg

seit 1993: freiberufliche Gutachtertätigkeit mit den Arbeitsschwerpunkten: Holz, Holzschutz, Bautenschutz, Bauphysik, Bauwerkserhaltung, Bauschadensfragen

2005–2009: kooperative Forschungsprojekte an der Hochschule Wismar und am Julius Kühn-Institut (JKI) in Berlin,
Lehrbeauftragter an der Hochschule Wismar,
Dozententätigkeit (EIPOS, DIA, WINGS, TU Dresden),
Lektor in der Sachkundeausbildung „Holzschutz am Bau",
temporärer Lehrauftrag an der Hochschule für nachhaltige Entwicklung Eberswalde (HNEE)

Mitgliedschaften:

- Ingenieurkammer Sachsen (IKS)
- Bundesverband öffentlich bestellter und vereidigter sowie qualifizierter Sachverständiger e. V. (BVS Sachsen)
- Sächsischer Holzschutzverband e. V. (Vorstand)
- Mitglied der Vertreterversammlung der IKS
- Berufenes Mitglied im „Sachverständigenausschuss" der IKS
- Berufenes Mitglied Fachgremium „Holzschutz" an der IKS
- Berufenes Mitglied Fachgremium „Schäden an Gebäuden" an der IKS
- Berufenes Mitglied im „Sachverständigenausschuss" der IHK Dresden

Veränderungen in der neuen DIN 68800 Teil 4

Ekkehard Flohr

1 Einleitung

Die DIN 68800, Teil 4 Ausgabe 2012 wurde, wie auch alle anderen nationalen Normen, durch den NA 042 DIN-Normenausschuss Holzwirtschaft und Möbel (NHM) in Verantwortung vom Arbeitsausschuss Bekämpfender Holzschutz (NA042-03-04 AA) einer periodischen Überprüfung unterzogen. Hierbei geht es um die Frage, ob diese Norm noch dem aktuellen Stand der Wissenschaft und Technik entspricht und Anwendung findet.

Dabei muss geklärt werden, ob die Norm

- unverändert bestehen bleiben darf,
- ohne Ersatz zurückgezogen werden soll

oder

- überarbeitet werden muss.

Eine Umfrage unter Beteiligung aller früheren DIN-Arbeitsausschussmitglieder hat ergeben, dass 100 % der abgegebenen Meinungen eine Überarbeitung befürworteten. Grundsätzlich kann eingeschätzt werden, dass sich die Norm in der Ursprungsfassung aus dem Jahr 2012 in der Praxis bewährt hat und einen allgemeinen Konsens unter den Fachleuten bewahren konnte. Der Grund einer Überarbeitung lag vielmehr in der Anpassung des Inhalts an die europäische Normungspolitik, Inhaltserweiterungen, stilistische Korrekturen und Formulierungsänderungen.

Im Laufe von 4 Sitzungen (April, Sep., Nov. 2018 und Feb. 2019) wurde die Holzschutznorm DIN 68800, Teil 4 in Berlin dann überarbeitet.

Folgende Neuerungen, die hier nur exemplarisch erläutert werden können, finden sich im aktuellen Normenentwurf wieder.

2 Neuerungen im aktuellen DIN-Entwurf

Im **Abschnitt 1** Anwendungsbereich wurde im Ausschlussteil eine wichtige Passage mit aufgenommen, welche die Norm nicht regeln kann. Hierbei geht es um allgemeine baulich/konstruktive Maßnahmen an verbauten Holzbauteilen, die über die reine bisherige Standsicherheit hinausgehen. Dafür ist ausschließlich der Normenteil 2 zuständig.

Im **Abschnitt 3.1** Begriffsdefinition Bekämpfungsmittel wurden die Bemerkungen in der Klammer (Ib-Mittel) und (M-Mittel) gestrichen. Mit der Zuständigkeit der Bundesanstalt für Arbeitsschutz und Arbeitsmedizin (BAuA) werden zukünftig diese Kennzeichnungen entfallen. Daher ist eine Definition der Bekämpfungsmittel ohne eine Ib- bzw. M-Bezeichnung folgerichtig.
Gegenstand der Anmerkung war als weitere Bekämpfungsmaßnahme bisher nur der Ausbau befallener Holzbauteile. Diese Anmerkung wurde um die thermische Abtötung von Myzel des Echten Hausschwamms im Mauerwerk und im Holz erweitert.

Der **Abschnitt 4.3.1** beschreibt die 5 grundsätzlichen Verfahrensweisen einer erfolgreichen Pilzbekämpfung. Dabei sind 4 von 5 Verfahrensweisen bei Befall durch Nassfäuleerreger und dem Echten Hauschwamm zu beachten. Eine 5. Verfahrensweise ist nur beim Echten Hausschwamm anzuwenden. Die Beschreibung der Verfahrensweisen 3 und 4 wurden lediglich durch inhaltliche Ergänzungen vervollständigt, um Unklarheiten in der Praxis vorzubeugen.
Eine sehr wichtige Öffnungsklausel, um auf den Einsatz von Schwammsperrmittel zu verzichten, wurde in diesem Abschnitt gestrichen und als neuer Abschnitt 8.2.2.2.5 eingefügt. Dieser Abschnitt thematisiert nämlich Maßnahmen bei einem Befall durch den Echten Hausschwamm und dort gehört er auch inhaltlich hin.

Die Anforderungen an Holzschutzmittel im **Abschnitt 5.1** sind unter Beachtung der politischen Entwicklung in Europa und in Deutschland neu formuliert worden. Holzschutzmittel müssen nach geltenden gesetzlichen (nicht ausschließlich nach nationalen) Bestimmungen verkehrsfähig und entsprechend dem jeweiligen Einsatzzweck vorgesehen sein. Es ist eine Zulassung durch die BAuA nach Biozidverordnung in Verbindung mit dem Chemikaliengesetz ausreichend. Ein bauaufsichtlicher Verwendbarkeitsnachweis ist dann nicht erforderlich.
Für tragende Holzbauteile ist zwingend eine Zulassung nach Biozidverordnung (EU) Nr. 528/2012 bzw. nach Chemikaliengesetz (Biozidzulassung) erforderlich. Übergangsweise dürfen Holzschutzmittel angewendet werden, welche einen gültigen bauaufsichtlichen Verwendbarkeitsnachweis entsprechend dem DIBt besitzen.
Für alle übrigen Hölzer sind zukünftig die Zulassung entsprechend der BAuA oder die bauaufsichtlichen Verwendbarkeitsnachweise vom DIBt gültig.

Im **Abschnitt 5.1.2** ist die Anwendung von Holzschutzmitteln an tragenden Bauteilen sowie die Behandlung vom Mauerwerk mit Schwammsperrmitteln explizit an Fachbetriebe gebunden.

In der Anmerkung zum **Abschnitt 5.2** Anzuwendende Produktarten sind die Informationen zur zeitversetzten Wirksamkeit gegenüber holzzerstörenden Insekten (nach DIN EN 14128) ausführlicher gefasst worden. In der Beschreibung der schnell, langsam und verzögert wirkenden Produktarten wird nach Gewöhnlichen Nagekäfer und Hausbock unterschieden. Tendenziell, und dies deckt sich auch mit der Prüfnorm DIN EN 14128, tritt ein letaler Erfolg beim Gewöhnlichen Nagekäfer eher ein als beim Hausbock.
Die Prüfprädikate Ib, M, Iv und P bleiben Bestandteil der neuen Norm, sind jedoch an Holzschutzmittel gekoppelt, die nach DIBt einen bauaufsichtlichen Verwendbarkeitsnachweis besitzen.

Im **Abschnitt 8.2.1.3**, in dem es um Vorarbeiten und bauliche Maßnahmen bei der Schwammbekämpfung geht, gibt er Ergänzungen und Verschiebungen. Beispielsweise ist eine Anmerkung, die immer als eine unverbindliche Information anzusehen ist, in den verbindlichen Normtext überführt worden. Hierbei handelt es sich um die Aussage, was man unter dem Entfernen von Balken, Dielen usw. versteht. Zudem beinhaltet der Normtext, dass ein Abbeilen unzureichend ist.
Die frühere pauschale Forderung, Schüttungen und Dämmstoffe mindestens 1,5 m in alle Richtungen auszubauen, blieb erhalten, wurde jedoch hinsichtlich einiger spezieller Anwendungsfälle verändert. So ist es ausreichend, und dies entspricht der praktischen Anwendung, einen durchwachsenen Kellerfußboden etwa 20 cm tief auszuschachten (Abb. 1). Dabei muss jedoch die Standsicherheit des Gebäudes beachtet werden.

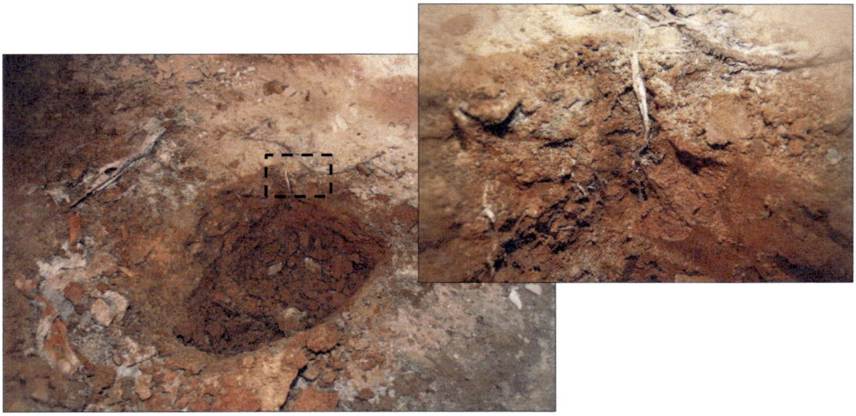

Abb. 1: Schwammmyzel in einem Kellerfußboden aus Stampflehm

Kommt es zu einem Schwammbefall innerhalb von Mineralfaserdämmmatten oder an Polystyrolplatten (z. B. an Trennwänden oder WDVS-Systemen) so musste man nach der bisherigen Norm beim Ausbau einen Sicherheitsbereich von 1,5 m einhalten. Sofern die Befallsgrenze an den Dämmstoffen klar zu erkennen ist (Abb. 2), kann der Abstand auf mindestens 20 cm reduziert werden. Mit dieser neu geschaffenen Öffnungsklausel können Fachbetriebe oder Holzschutzsachverständige entscheiden, ob Kosten durch reduzierten Abbruch eingespart werden können.

Der ehemalige **Abschnitt 9.4** Begasung, in dem toxische und erstickende Gase beschrieben wurden, erhielt eine neue Überschrift. Diese lautet „Bekämpfung mit toxischen Begasungsmitteln (Begasungsverfahren)". Im Nachfolgeabschnitt 9.5 werden die ehemals erstickenden Gase behandelt. Der Abschnitttitel lautet „Bekämpfung durch modifizierte Atmosphären".
Das Wirkprinzip einer letalen Dosis durch Einsatz von Stickstoff, Kohlenstoffdioxid sowie Mischungen aus beiden beruht auf eine Verdrängung des Luftsauerstoffs aus den Hohlräumen des zu behandelnden Holzes. Zu beachten ist, dass es sich beim Einsatz von Stickstoff bzw. Kohlenstoffdioxid um zulassungspflichtige Holzschutzmittel nach Biozidrecht handelt.

Abb. 2: Deutlich erkennbare Bewuchsgrenze vom Schwammmyzel am Dämmstoff

Das elektrophysikalische Verfahren zur Bekämpfung eines Insektenbefalls wurde im **Abschnitt 10** um einige Aussagen erweitert bzw. konkretisiert. Das Holz soll im Strahlungsfeld grundsätzlich auf 55 °C über mindestens 1 h erwärmt werden. Verfahrensspezifisch können auch kürzere Anwendungszeiten mit höheren Temperaturen zum Erfolg führen. Dies ist bauteilbezogen nachzuweisen. Entscheidend dabei ist die Kontrolle der weitestgehend homogenen Durchwärmung des Holzes an repräsentativen Stellen. Hierbei handelt es sich um die am schwierigsten und am schnellsten aufzuheizenden Bereiche.

3 Zusammenfassung

Mit Veröffentlichung des Entwurfs der DIN 68800 Teil 4 am 30.08.2019 werden die bisherigen bewährten Regeln zur Bekämpfung holzzerstörender Organismen beibehalten. Der vorliegende Entwurf führt nicht zu einer grundlegenden Um- und Neugestaltung der Norm. Vergleichsweise geringfügige, jedoch notwendige Anpassungen aufgrund internationaler normungspolitischer Veränderungen wurden vorgenommen. Davon sind hauptsächlich die Kapitel zur Anwendung von Holzschutzmitteln und Begasungsprodukten sowie Ergänzungen zur praktischen Umsetzung betroffen.
Die DIN 68800 Teil 4 war und ist eine von den meisten Fachleuten allgemein anerkannte Regel der Technik.

Quellen/Literatur

[1] DIN 68800, Teil 4, Entwurf Okt. 2019, DIN Deutsches Institut für Normung e.V.

[2] Holzschutz Praxiskommentar zu DIN 68800 Teile 1 bis 4, Beuth Verlag GmbH Berlin Wien Zürich 2013.

Flohr, Ekkehard
Dipl.-Ing (FH)

1990: Sachverständiger für Holzschutz, TU-Dresden

1991: Berufung zum ö.b.u.v. SV für Holz- und Bautenschutz

seit 1998: Geschäftsführer eines Ingenieur- und Sachverständigenbüros

Mitarbeit und folgenden Aktivitäten:

- Stellv. Leiter des WTA-Referats Holz Holzschutz
- Fachbereichsleiter Holzschutz im DHBV e.V.
- Mitarbeit im DIN Normenausschuss „Bekämpfender Holzschutz“
- Mitglied im Ausbildungsbeirat Sachkunde für Holzschutz am Bau und im Prüfungsausschuss
- Dozententätigkeit HBZ Münster, HK Düsseldorf, EIPOS Dresden, Deula

Perspektiven für den Holzverbundbau – Visionen werden Wirklichkeit

Leander Bathon, Oliver Bletz-Mühldorfer, Jens Schmidt, Friedemann Diehl

1 Einleitung

Der moderne Ingenieurholzbau entwickelt sich stetig weiter. Durch die Entwicklung von neuen, leistungsfähigen Holzwerkstoffen wächst auch die Nachfrage nach effizienten Anschlusstechnologien. Holz-Stahl-Klebeverbindungen mit eigeklebten Lochblechen stellen eine solche innovative und leistungsstarke Möglichkeit zur Erzeugung eines Holzverbundquerschnittes oder einer Verbindung zwischen Holz- bzw. Holzwerkstoffquerschnitten dar. Welches Potential Klebeverbindungen im Holzbau haben, ist bereits zu erkennen. Die DIN EN 1995-1-1/NA:2013-08 [1] regelt, z. B. das Einkleben von stabförmigen Stahlteilen wie Gewindestangen oder Betonrippenstählen in Holz. Diese Technologie ist mittlerweile Stand der Technik und wird häufig bei Querzugverstärkungen eingesetzt.

In Holz eingeklebte Lochbleche werden bereits seit mehreren Jahren am Institut für Baustoffe und Konstruktion der Hochschule RheinMain untersucht und sollen die Möglichkeiten der Klebetechnologie erweitern. Es wurden dabei Lochbleche mit unterschiedlichen Eigenschaften hinsichtlich Materialart, Lochdurchmesser, Lochabstand, Lochanteil und Lochblechdicke eigesetzt. Eine hohe Ästhetik wird dadurch erreicht, dass die Bleche von außen nicht sichtbar sind, da sie im Inneren des Holzes angeordnet und mit Klebstoff umschlossen werden. Bisherige Versuchsergebnisse haben gezeigt, dass das Holz-Stahl-Klebeverbindungssystem (HSK-System) sehr hohe Tragfähigkeiten und sehr hohe Steifigkeiten bei gleichzeitiger Duktilität im Versagensfall aufweist. Bei diesem HSK-System werden Lochbleche mit exakt definierten Eigenschaften und ein darauf abgestimmter Klebstoff verwendet. Eingeklebte HSK-Lochbleche als Verbindungsmittel im Holzbau sind seit einiger Zeit bauaufsichtlich zugelassen (abZ Z-9.1-770 [2]).

Entsprechend der DIN EN 1995-1-1/NA:2013-08 [1] muss bei Holz-Stahl-Klebeverbindungen ein entsprechender Nachweis für jedes verwendete Material geführt werden. Im entwickelten Bemessungskonzept werden die Nachweise von Holz und Stahl nach den bekannten Bemessungsregeln geführt, während für den Klebstoff ein neues Bemessungskonzept entwickelt wurde.

Der Bemessungsansatz geht davon aus, dass sich innerhalb der Lochungen des Stahlblechs sogenannte Klebstoffdübel ausbilden. Nach dem Aushärten des zweikomponentigen Klebstoffs entsteht eine mechanische Verzahnung zwischen Klebstoff und Blech, während die Verbindung zwischen Klebstoff und Holz über Adhäsion stattfindet. Der Entwurf der Zulassung abZ Z-9.1-770 [2] gibt Werte für die Tragfähigkeiten und die Steifigkeit bezogen auf einen Klebstoffdübel an.

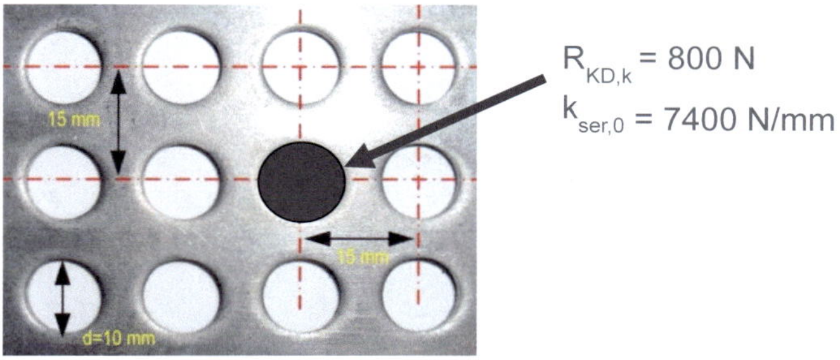

Abb. 1: Bemessungsmodell mit Angabe der Systemkennwerte für einen Klebstoffdübel [3]

Um eine hohe Sicherheit zu gewährleisten und duktile Verbindungen herzustellen, sollten Verbindungen jedoch so ausgelegt werden, dass die Tragfähigkeit des Stahls maßgebend wird. Dies ist dann erreicht, wenn der Ausnutzungsgrad des Stahlbleches größer ist als der von Holz und Klebstoff. Im Folgenden werden ausgewählte Untersuchungs- und Anwendungsbeispiele vorgestellt, bei denen eingeklebte Lochbleche zum Einsatz kamen.

2 Montagestoß von Biegeträgern

Immer wieder stellen lange Brettschichtholzträger für große Hallentragwerke eine Herausforderung beim Transport und beim Handling auf der Baustelle dar. Aus diesem Grund gibt es immer wieder das Bestreben Montagestöße herzustellen. Um das Potential von eingeklebten Lochblechen für diese Anwendung zu verifizieren, wurde im Labor für Holzbau an der Hochschule RheinMain ein Versuch an einem Biegeträger durchgeführt. Bei dem getesteten Prüfkörper handelt es sich um einen Biegeträger aus Brettschichtholz der Festigkeitsklasse GL24h mit einer Spannweite von 6,88 Metern, einer Höhe von 80 cm und einer Breite von 16 cm.

Der Träger wurde aus zwei Trägerhälften von jeweils ca. 4 Metern Länge hergestellt, die mittels eingeklebter Lochbleche in der Mitte miteinander verbunden wurden. Dazu wurden in jede Trägerhälfte vier 4 mm breite Sägeschlitze eingebracht. In diese Schlitze war jeweils ein HSK-Blech eingesteckt worden, bevor die Trägerhälften zusammengeführt wurden. Anschließend konnte der Klebstoff in die Sägeschlitze injiziert werden. Nach dem Aushärten lag nun ein etwa 8 Meter langer Träger vor.

Wie in Abb. 4 zu erkennen ist, kam es bei dem 4-Punkt-Biegeversuch zu einem Stahlversagen. Das Bruchlastniveau lag dabei bei 224,2 kN bei einer Durchbiegung des Trägers in Feldmitte von ca. 22 mm. Durch den Versuch konnte das vorhandene Potential von eingeklebten Lochblechen bei der Anfertigung von Montagestößen dargestellt werden.

Abb. 2: Biegeträger mit Vollstoß im Versuchsstand

Abb. 3: Trägerhälfte mit 4 eingesteckten Lochblechen

Abb. 4: Stahlversagen der Verbindung im 4-Punkt-Biegeversuch

3 Biegesteife Rahmenecken

Mit Hilfe der neuen Holz-Stahl-Klebetechnologie wurden verschiedene Ansätze entwickelt, bei denen Lochbleche an andere Stahlteile angeschweißt wurden. Solche Stahlformteile wurden beispielsweise in Versuchen an biegesteifen Rahmenecken untersucht. Insgesamt wurden in den letzten Jahren an der Hochschule RheinMain rund 15 Großversuche zu Rahmenecken durchgeführt [3], [4].

Abb. 5 zeigt exemplarisch die Systemskizze eines Versuchs, bei dem die Rahmenecke durch ein schließendes Biegemoment beansprucht wird.

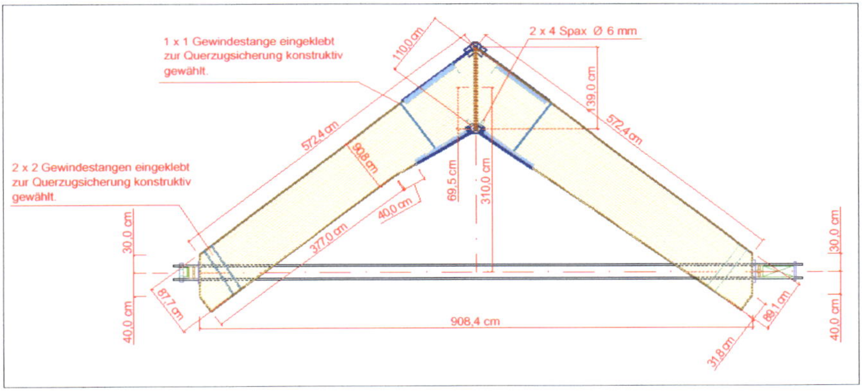

Abb. 5: Systemskizzen des Versuchsaufbaus

Bei der Fertigung der Prüfkörper wurden Sonderbauteile aus Stahl bereits im Werk des Holzleimbauers in den Riegel und den Stiel eingeklebt. Auf der Zug- und Druckseite wurden Stahlflansche mit angeschweißten Augenstäben über jeweils drei Lochbleche eingeklebt. Abb. 6 zeigt das beschriebene Stahlformteil, welches auf der Zugseite von Stiel und Riegel eingelassen wird. Um die Zugseite mit der Druckseite zu koppeln, wurde innerhalb der Fuge zwischen Riegel und Stiel ein Stahlstab angeordnet, der Druck- oder Zugkräfte aufnehmen kann. Über durch die Augenstäbe hindurchgeführte Bolzen können die verschiedenen Stahlteile auf der Baustelle verbunden werden. In Abb. 7 wird der Versuchsaufbau mit dem applizierten hydraulischen Zylinder zur Lastaufbringung dargestellt. In Abb. 8 ist die innere Druckseite der Rahmenecke zu erkennen, in welcher Riegel und Stiel über die beiden Stahlflansche sowie die eingesetzten Bolzen gekoppelt werden. Abb. 9 zeigt die äußere Zugseite nach dem Versuchsende mit einem Abscheren des Holzes entlang des Lamellenverlaufs. Basierend auf den Untersuchungsergebnissen konnte ein Bemessungsvorschlag für die entwickelte Rahmenecke abgeleitet werden.

Infolge der Erkenntnisse der dargestellten Versuche sowie weiteren praktischen und theoretischen Untersuchungen konnten inzwischen erste Hallen erbaut werden, bei denen die HSK-Technologie eingesetzt wurde.

Abb. 6: Einsetzten des Stahlformteils auf der Zugseite

Abb. 7: Versuchsaufbau Rahmenecke

Abb. 8: Detail Druckseite

Abb. 9: Detail Zugseite

Für eine Lehrwerkstatt in Schwerstedt, in der Nähe von Erfurt, wurde beispielsweise ein Holzbauwerk errichtet, bei dem die oben beschriebene Rahmenecke mit eingeklebten Lochblechen zum Einsatz kam. Aufgrund der Straßenverhältnisse, die den Transport der Bauteile erschwerten, sollten die im Werk vorgefertigten Stiele und Riegel der biegensteifen Rahmenecke erst auf der Baustelle zusammengeführt werden. Die Stahlteile wurden durch hölzerne Überdeckungen vor einer direkten Brandbeanspruchung geschützt, sodass für die Dreigelenkrahmen des Hallentragwerks die Feuerwiderstandsklasse F30B erreicht werden konnte. Die zuständige Bauaufsichtsbehörde erteilte dazu eine Zustimmung im Einzelfall.

Abb. 10: Rahmenecke mit einer Feuerwiderstandsdauer von 30 Minuten [5]

4 Fachwerkträger

Ein weiteres mögliches Einsatzgebiet von eingeklebten Lochblechen sind leistungsfähige Fachwerkkonstruktionen. In einem Forschungsvorhaben, das mit Mitteln des Bundesministeriums für Bildung und Forschung unter dem Förderkennzeichen 17079X10 gefördert wurde, wurden solche Konstruktionen eingehend untersucht [6]. Das FuE-Vorhaben wurde in einem Verbund erbracht, bestehend aus der Hochschule RheinMain (Labor für Holzbau mit Einbindung des Fachbereichs Ingenieurwissenschaften), der Universität Stuttgart, Institut für Leichtbau Entwerfen Konstruktion [7] sowie mehreren Unternehmen (Fa. Holzbau Gröber GmbH [8], Fa. Pollmann & Sohn GmbH & Co. KG [9], Fa. Purbond AG [10], Fa. Ulrich Lübbert Warenhandel GmbH & Co. KG [11], Fa. TiComTec GmbH [5]). In dem Projekt wurde eine Vielzahl von kleinformatigen Prüfkörpern getestet, um verschiedene Variationen der einzusetzenden Klebetechnologie zu untersuchen. Letztlich flossen die gewonnenen Erkenntnisse in die Entwicklung und Herstellung von ca. 11 m spannenden Fachwerkträgern ein. Es wurden dabei zwei unterschiedliche Trägertypen entworfen. Während bei Typ 1 Vertikalen und Zugdiagonalen zum Einsatz kamen, wurde beim Typ 2 ein System mit Zug- und Druckdiagonalen verwendet. Es wurden insgesamt 14 Prüfkörper hergestellt.

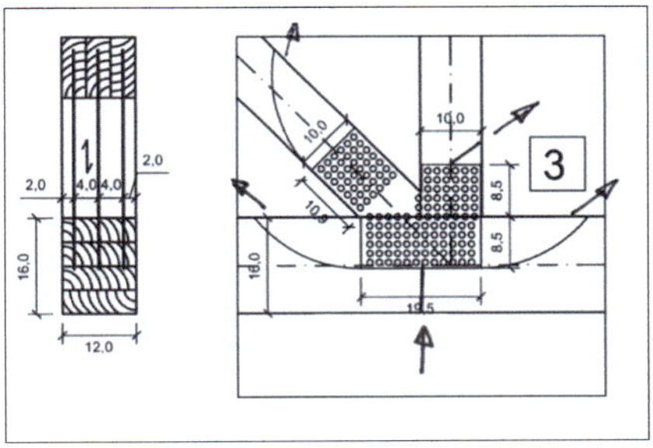

Abb. 11: Injektionsplan eines Knotenpunktes

Abb. 12: Injektion des Klebstoffs

Die Fachwerkträger wurden in Bauteilversuchen unter Normalklima in 4-Punkt-Biegeversuchen in Anlehnung an DIN EN 408:2010-12 geprüft. Zur Lasteinleitung wurde ein Stahlträger HE-B 300 verwendet. Die Querschnittsabmessungen betragen bei den Ober- und Untergurten b/h = 12 cm/16 cm und bei den Füllstäben b/h = 12 cm/10 cm. Der Versuchsaufbau ist in Abb. 13 dargestellt.

Die Versuchsergebnisse waren insgesamt äußerst vielversprechend. Es konnte ein nahezu „starres“ Systemverhalten im Bereich der Knotenpunkte erreicht werden. Gleichzeitig ergab sich die gewünschte Duktilität im Versagensfall, d.h. die Lochbleche begannen zu fließen, ehe es zum globalen Versagen der Prüfkörper kam. Die Biegesteifigkeit der untersuchten Fachwerkträger lag im linearen Traglastbereich im Mittel bei ca. 1,3 x 10^9 $kNcm^2$ und damit in der Größenordnung eines Stahlprofils HE-A 450 bzw. eines massiven BSH-Querschnitts GL24h mit Querschnittsabmessungen b/h = 12 cm/104 cm. Der Vergleich zwischen den errechneten Verformungen aus dem Stabwerksmodellen und den gemessenen Verformungen aus den Versuchen zeigte zudem eine gute Übereinstimmung. Die minimale Bruchlast der Prüfkörper lag bei 226,7 kN, die maximale bei 279,2 kN.

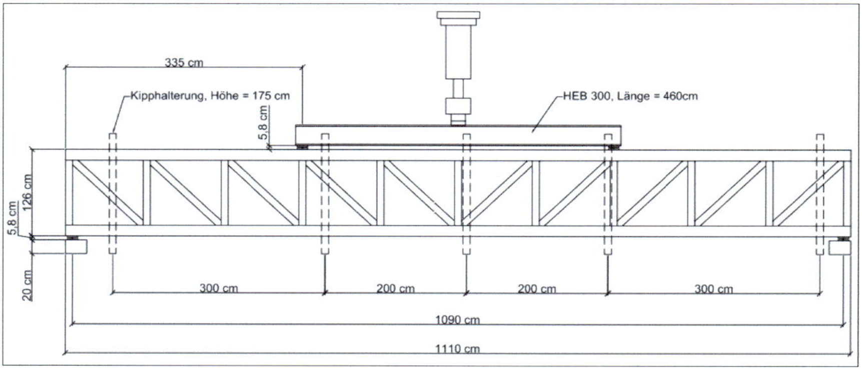

Abb. 13: Versuchsaufbau der Bauteilversuche

Abb. 14: Fachwerkträger (Typ 1) beim Versuchsaufbau

Abb. 15: Fachwerkträger (Typ 1) nach dem Versagen

Abb. 16: Dauerstandversuch auf dem Gelände der Hochschule RheinMain

Im Anschluss an die Bauteilversuche erfolgte der Aufbau eines Versuchsstandes auf dem Gelände der Hochschule RheinMain, an welchem ein Monitoring der Holz-Metall-Klebeverbindung durchgeführt wird. Die beiden untersuchten Träger entsprechen dem Trägertyp 2, welcher bereits in den Bauteilversuchen getestet wurde, und haben jeweils eine Gesamtlänge von 11,10 m und eine Höhe von 1,26 m. Die Dachabdichtung erfolgt mittels bituminösen Dachbahnen. Zur Belastung wurden Wassertanks an die Sparren des Versuchsstandes gehängt.

Die beiden Fachwerkträger sind über Sparren und vier vertikale Aussteifungsscheiben miteinander verbunden. Zum Wetterschutz und zur räumlichen Aussteifung dient die Dachscheibe, welche auf die Sparren aufgeschraubt wurde. Durch die zehn an die Sparren angehängten Wassertanks, die mit jeweils 1000 Litern Wasser gefüllt wurden, und das Eigengewicht des Versuchsaufbaus wird eine Gleichstreckenlast von umgerechnet 5 kN/m je Träger aufgebracht. Nach dem Aufstellen des Versuchsstandes im April 2014 wurden die Luftfeuchtigkeit und die Lufttemperatur sowie die Holzfeuchte und die Durchbiegung in Feldmitte kontinuierlich aufgezeichnet. Aufgrund des Kriechen des Holzes wurde eine Verformungszunahme über den Zeitverlauf festgestellt. Ein Versagen oder eine Verformungszunahme im Bereich der Verbindungen konnten nicht beobachtet werden.

5 Freitragende Treppe

Ein ganz besonderer Anwendungsfall für eingeklebte Lochbleche wurde durch die Architekten des Earth System Science Buildings geschaffen. In dem fünfgeschossigen Labor- und Bürogebäude an der University of British Columbia in Vancouver sollte die Vision einer freitragenden Treppe in Holzbauweise umgesetzt werden. Sie planten dieses architektonische Highlight bewusst in einigem Abstand zu den Aufzügen ein, um eine rege Nutzung der Treppe anzutreiben. Die freitragende Treppe sollte zu einem beliebten Treffpunkt werden.

Die Tragwerksplaner der Equilibrium Consulting Inc. sahen sich nun mit der Herausforderung konfrontiert, eine biegesteife, abgewinkelte Holzplatte herstellen zu müssen. Die freitragenden Treppenelemente werden bei dieser Konstruktion nur an den An- und Austritten der Treppen in die Holz-Beton-Verbunddecken eingespannt und müssen dabei als torsionssteife Kragarme wirken. Die verwendeten Verbindungsmittel mussten in der Lage sein, hohe Scherkräfte aufnehmen zu können und eine hohe Steifigkeit zu gewährleisten, um die Verformungen und Schwingungen angemessen zu begrenzen.

Letztendlich entschieden sich die Verantwortlichen, vorgefertigte, liegende Brettschichtholzelemente einzusetzen, die mit eingeklebten Lochblechen auf der Baustelle zusammengefügt wurden. Die Lochbleche wurden dabei bereits im Werk auf der einen Seite eingeklebt. Durch ein Höchstmaß an Maß- und Passgenauigkeit, die mit Hilfe von CNC-Technik erreicht werden konnte, war eine reibungslose Montage der massiven Holzelemente auf der Baustelle realisierbar. So wurde die eindrucksvolle Treppenkonstruktion auch zu einem technischen Highlight.

Abb. 17: Rendering der „Flying Stairs" [12]

Abb. 18: Vorgefertigte Treppenelemente [12]

Abb. 19: Foto der fertigen Treppe [12]

Abb. 20: Montage des Podests mit den heraus-stehenden HSK-Lochblechen [12]

6 Timber Tower

Moderne Holzbaustoffe und innovative Verbindungsmittelkonzepte ermöglichen auch die Erschließung von neuen Märkten. Dies wurde durch den Bau der ersten Windenergieanlage mit Holzturm eindrucksvoll bewiesen. Im Wesentlichen konkurrieren vier unterschiedliche Konstruktionskonzepte für Türme von Windkraftanlagen: Stahltürme, Gittertürme, Betontürme und Hybridtürme aus Stahlbeton und Stahl. Da mit zunehmender Höhe von Windenergieanlagen deren Effizienz steigt, wurde nach alternativen Turmkonzepten gesucht. Die Ingenieure der Timber Tower GmbH entwickelten den bereits umgesetzten Lösungsansatz, um durch bessere Transportbedingungen, ein geringeres Eigengewicht, eine bessere Ökobilanz und wirtschaftliche Vorteile einen Wettbewerbsvorteil zu erzielen. Das Ziel der Entwickler war es, ein Turmkonzept zu gestalten, das den Bau von Windenergieanlagen mit Nabenhöhen von bis zu 160 Metern Höhe aus dem natürlichen und nachwachsenden Rohstoff Holz ermöglicht. Die Anlage mit einer Nabenhöhe von 100 Metern mit ihrem ca. 200 Tonnen leichten Holzturm konnte im Dezember 2012 in Betrieb genommen werden. Die Entwickler gehen dabei von einem Gewichtsersparnis von rund 100 Tonnen gegenüber anderen Turmkonzepten aus. Der Durchmesser des achteckigen, prismatischen Querschnittes beträgt am Turmfuß ca. 7 m und verjüngt sich bis auf einen Durchmesser am Turmkopf von rund 2,4 m. Um eine mindestens 20-jährige Nutzungsdauer gewährleisten zu können, wurden das Holz außenseitig mit einer aufgeklebten Oberflächenbeschichtung versehen.

Abb. 21: Modell des Horizontalstoßes

Abb. 22: Montage der Plattenelemente mit Fixierung am Lehrgerüst [13]

Abb. 23: Erste Windenergieanlage der Megawatt-Klasse mit Holzturm [13]

Ein Alleinstellungsmerkmal von hölzernen Windkraftanlagen stellt die Nachhaltigkeit dar. Der Einsatz eines Holzturms spart bei einer Turmhöhe von 100 Metern nach Berechnungen der Turmplaner rund 300 Tonnen Stahlblech ein, für dessen Herstellung enorm viel Energie benötigt und klimaschädliches CO_2 freigesetzt wird. Ein Holzturm mit einer Nabenhöhe von 100 m besteht dagegen aus ca. 500 m³ Fichtenbrettsperrholz und bindet damit ca. 350 Tonnen CO_2. Der in Hannover-Marienwerder errichtete Turm besteht aus ca. 15 Meter langen Brettsperrholzelementen, die in Containern verpackt und ohne Schwerlasttransporte an ihren Bestimmungsort gebracht werden können. Aus den einzelnen Brettsperrholzplatten entsteht auf der Baustelle ein achteckiger geschlossener Hohlkörper, der die nötige Steifigkeit aufweist, um die ca. 100 Tonnen schwere und 1,5 Megawatt starke Windenergieanlage der Firma Vensys sicher zu tragen. Eine ingenieurtechnische Herausforderung stellt dabei die Verbindungstechnologie dar, die in den horizontalen Stoßfugen zwischen den einzelnen Plattenelementen benötigt wird und den statischen und ermüdungsrelevanten Beanspruchungen gerecht werden muss. Durch die auftretenden Windlasten wird das schwingungsanfällige Bauwerk angeregt, wodurch die Verbindungsmittel zyklisch belastet werden. Um eine geeignete Verbindung realisieren zu können, wurde die MPA Wiesbaden mit der Durchführung von Traglast- und Ermüdungsversuchen beauftragt. Im Zuge dessen wurden Lochbleche mit speziellen Geometrien entwickelt, die auf die verwendeten Brettsperrholzplatten und die auftretenden Beanspruchungen abgestimmt wurden.

7 Deckensystem mit eingeklebten Lochblechen

In der Innenstadt von Prince George in British Columbia befindet sich seit Frühling 2013 das Wood Innovation and Design Centre (WIDC) in der Bauphase. Es umfasst auf einer Höhe von 29,5 Metern sechs Geschosse, ein Zwischengeschoss und eine siebte Ebene für technische Anlagen. Auf einer Geschossfläche von etwa 4800 m² bietet das Gebäude Platz für Büroräume, Vorführungen und das wissenschaftliche Programm der Univeristy of Northern British Columbia (UNBC).

Entworfen wurde das Gebäude in Zusammenarbeit von Michael Green Architects mit den Tragwerksplanern der Equilibrium Consulting Inc. Die Bauausführung wurde von PCL Constructors übernommen. Vorwiegend dient der schöne und nachhaltige Baustoff Holz als Material für die Konstruktion des Mehrgeschossers. Das Gebäude zeigt die Vielfältigkeit und das Potential auf, welche durch hochwertige und innovative Holzprodukte ermöglicht werden und auch für hohe Bauwerke anwendbar sind.

British Columbia ist stark von der kanadischen Forstindustrie geprägt, weshalb Gemeinden wie Prince George von dieser abhängig sind. Aus diesem Grund fördert die Politik in British Columbia mit ihrer „Wood First Initiative“ [15] Holzbauten wie das Wood Innovation and Design Centre. Es soll ein Vorzeigeprojekt für die innovative Verwendung von Holz sein.

Abb. 24: Wood Innovation and Design Centre [14]

Abb. 25: Das WIDC in der Bauphase [12]

Auch die zukünftige Nutzung des Gebäudes, für welches 25,1 Mio. Kanadische Dollar investiert wurden, soll die Zukunftsfähigkeit und Anpassungsfähigkeit der Holzindustrie fördern. Das geplante Studienprogramm der UNBC beinhaltet einen Master of

Engineering für „Ganzheitliches Entwerfen in Holz“. Hier sollen Studenten an die Forschung an zukünftigen Holzprodukten und Holzkonstruktionen herangeführt werden, um den Lebensraum der Zukunft gesund und nachhaltig gestaltet zu können. Die Konstruktion des Gebäudes besteht aus Brettsperrholz Decken-Paneelen, Brettschichtholzträgern und -stützen und einem aussteifenden Kern aus massiven Wandelementen. Diese leicht reproduzierbare Bauweise soll viele weitere Architekten, Ingenieure und private Bauunternehmer den Wert der Holzmassivbauweise als Alternative zu Stahl und Beton erkennen lassen.

Abb. 26: Deckensystem mit Hohlräumen für Installationen [12]

Abb. 27: Einsatz von eingeklebten Lochblechen als Verbindungsmittel in den Decken [12]

Als Deckensystem wurde eine neue Konstruktionsweise entwickelt, bei der zunächst Brettsperrholz-Elemente in einem definierten Abstand auf das primäre Tragwerk aus Brettschichtholz aufgelegt und mit diesen verbunden werden. Im Anschluss wird eine zweite Lage aus Brettsperrholz-Elementen so aufgelegt, dass sich eine Überlappung der Elemente ergibt. Innerhalb dieser Überlappung werden die Brettsperrholz-Elemente mit eingeklebten Lochblechen miteinander verbunden. So entstehen Decken mit großer statischer Höhe in deren Hohlräumen Leitungen für Strom und die Konditionierung des Gebäudes untergebracht werden können.

Abb. 28: Einschieben der Verbinder von der Oberseite [12]

Abb. 29: Brettsperrholz-Decken-Paneele auf einem Skelett aus Brettschichtholz [12]

Abb. 30: Deckensystem mit installierter Technik und Holzverblendung [12]

8 Verbindungen in Brettsperrholz

In den letzten Jahren wurden vermehrt Gebäude in Massivholzbauweise errichtet. Das Bauen mit Brettsperrholz beinhaltet völlig neue Herausforderungen an die Verbindungsmitteltechnologie. Die Verbindungen zwischen den einzelnen Brettsperrholzplatten beeinflussen die Tragwirkung eines Gebäudes maßgeblich. Um statische und quasistatische Beanspruchungen aufzunehmen, sind Verbindungen mit hoher Steifigkeit und Tragfähigkeit geeignet. Beanspruchungen aus Erdbeben erfordern darüber hinaus Verbindungen, welche dazu in der Lage sind mit hoher Duktilität zur Energiedissipation beizutragen. Da diese Verbindungen im Bauwerk sowohl auf Zug als auch auf Schub belastet werden, muss darauf geachtet werden, ob die Verbindungen längs oder quer zur Faserrichtung des Holzes beansprucht werden.

In zwei verschiedenen Versuchsreihen wurde die Tragfähigkeit von eingeklebten Lochblechen unter verschiedenen Winkeln zwischen Kraft und Holzfasern in Zugversuchen untersucht. Bei der Versuchsreihe HSKW1 wurden 12 Klebstoffdübel (3 x 4 Dübel) und bei der Versuchsreihe HSKW2 wurden 9 Klebstoffdübel (3 x 3 Dübel) je Verbindung eingeklebt. Abb. 31 und Abb. 32 zeigen exemplarisch die zwei Prüfkörper der beiden Versuchsreihen. Es wurden jeweils drei Prüfkörper hergestellt, bei denen die Bleche in einem Winkel von 0°, 30°, 60° oder 90° zu den Holzfasern der mittleren Brettlage ausgerichtet waren. Es wurden also 12 Prüfkörper je Versuchsreihe geprüft.

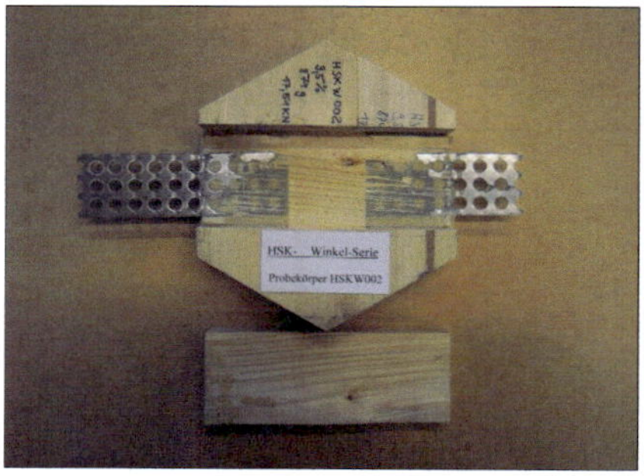

Abb. 31: Prüfkörper der Versuchsreihe HSKW

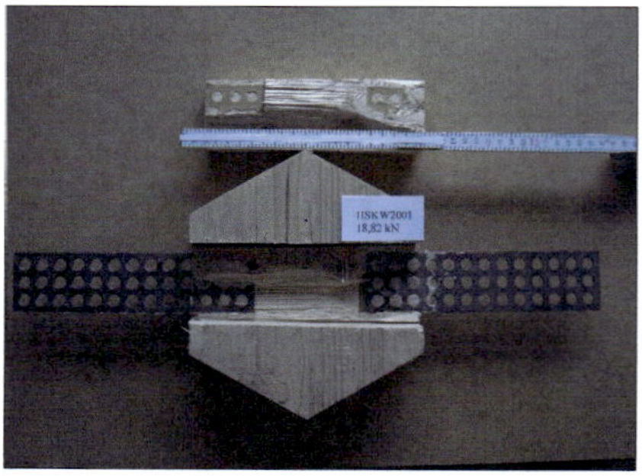

Abb. 32: Prüfkörper der Versuchsreihe HSKW

Bei Versuchsreihe HSKW1 mit 12 Klebstoffdübeln je Lochblech kam es bei allen Prüfkörpern zu einem Stahlversagen. Die mittlere Bruchlast variierte deshalb nur geringfügig. Bei Versuchsreihe HSKW2 mit 9 Klebstoffdübeln je Lochblech wurde vorwiegend Holz-Klebstoffversagen oder Klebstoffversagen festgestellt. Hier ist ein Einfluss des Winkels zwischen Kraft und Holzfaser zu erkennen, der durch eine linear abfallende Trendlinie dargestellt werden kann. Allerdings lagen die erreichten Bruchlasten auch bei einem Winkeln zwischen Kraft und Holzfaser von 90° über den nach Zulassung Z-9.1-770 [2] geforderten Werten.

Zur weiteren Untersuchung des Tragverhaltens des HSK-Systems in Brettsperrholz wurden Scherversuche durchgeführt, bei denen die HSK-Verbinder in der Schmalseite der BSP-Platten eingeklebt wurden. Die eingesetzten Brettsperrholzplatten aus Fichtenholz hatten zwei äußere Lagen mit 19 mm Dicke und eine Mittellage von 23 mm Dicke. Eine Schmalseitenverklebung war nicht gegeben. Die Prüfkörper wurden so hergestellt, dass die aufgebrachte Scherkraft über eine definierte Scherfläche übertragen werden musste, die nicht wesentlich größer war als die Mantelfläche des eingeklebten Lochblechs. Abb. 33 stellt die Seitenansicht des Prüfkörpers dar. Es wurden zwei unterschiedliche Prüfkörpertypen hergestellt. Während bei den drei Prüfkörpern HSK-Roll 01 bis 03 das Blech längs zur Faserrichtung eingeklebt wurde, wurde es bei den Prüfkörpern HSK-Roll 04 bis 09 quer zur Faserrichtung eingeklebt.

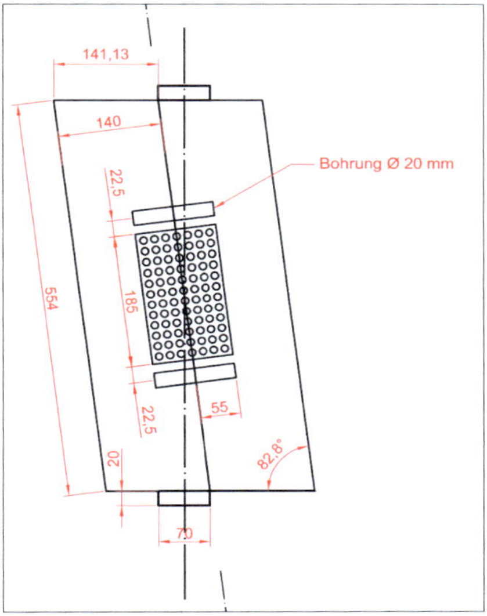

Abb. 33: Seitenansicht der Druckscherprüfkörper

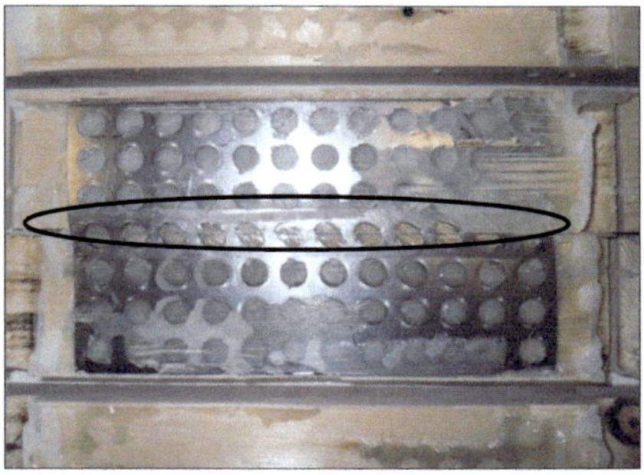

Abb. 34: Geöffneter Prüfkörper HSK-Roll 02, Stahlfließen als typisches Versagensbild bei längs zur Faser eingeklebten Blechen

Durch die Bohrungen mit 20 mm Durchmesser werden zwei Effekte erzielt. Zum einen wird nur die Scherfläche entlang der Mantelfläche des Lochblechs aktiviert, zum anderen wird eine Beanspruchung auf „Rollschub" erzeugt.

Bei allen Prüfkörpern kam es zu einem Stahlfließen bei ca. 32 kN, was einer mittleren Scherspannung im Stahl von 197 N/mm² entsprach. Das Stahlfließen, ist in der ausgeprägten plastischen Verformungen der mittleren Lochreihe in Abb. 34 deutlich zu erkennen. Diese Lochreihe war beim Einkleben der Lochbleche absichtlich nicht mit Klebstoff gefüllt worden, um eine „Sollbruchstelle" zu generieren, in deren Bereich sich das Lochblech verformen konnte.

Bei den Versuchen mit längs zur Faser eingeklebten Lochblechen stieg die Scherkraft anschließend bis zu einer durchschnittlichen maximalen Scherkraft von 39,8 kN an, was einer Kraft pro Dübel von 1,11 kN entsprach. Die mittlere Scherspannung im Stahl lag dabei auf einem Niveau von etwa 245 N/mm². Bei den Prüfkörpern mit quer zur Faser eingeklebtem Lochblech betrug die maximale Scherspannung etwa 280 N/mm². Die maximale Belastung auf die Klebstoffdübel betrug 1,26 kN/Dübel.

9 Erdbebenbeanspruchung auf HSK-Verbinder

In dieser Versuchsreihe wurde das HSK-System unter zyklischen Belastungen untersucht. Diese Orientierungsversuche sollten die Einsetzbarkeit des Systems für Erdbebenbeanspruchungen abprüfen. Die Prüfkörper wurden aus Brettschichtholz der Festigkeitsklasse GL 24 h hergestellt. Die Querschnittsabmessungen betrugen B/H = 20 cm / 16 cm, wobei die Lamellen stehend angeordnet waren. Zur Lasteinleitung wurde eine Bohrung von 30 mm Durchmesser im rechten Teilquerschnitt angeordnet. Die Prüfkörperlänge betrug insgesamt ca. 333 cm.

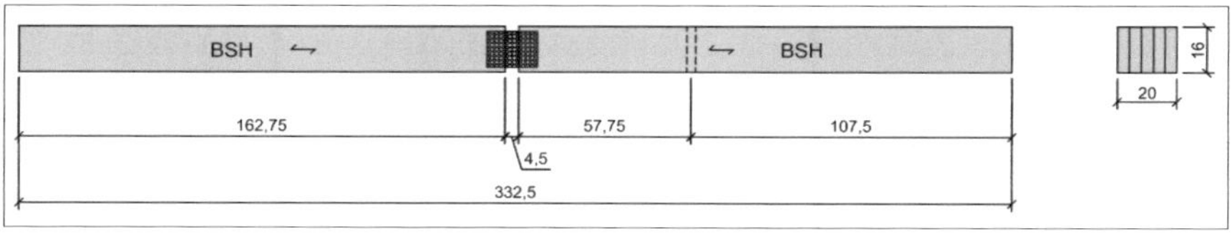

Abb. 35: Darstellung des Prüfkörpers

Die Verbindung zwischen den Teilquerschnitten A und B erfolgte mittels eines eingeklebten HSK-Lochbleches der Stahlgüte S 235. Dieses wurde in Schlitze von 4,5 mm Breite 62,5 mm tief in beide Teilquerschnitte eingeklebt. Das Lochblech mit einer Höhe von 125 mm wurde horizontal und vertikal zentriert eingeklebt. Zwischen den beiden Teilquerschnitten wurde ein Abstand von 45 mm mit dem Lochblech überbrückt, um dem Blech eine höhere Verformbarkeit zu ermöglichen und die Verformungen im Blech während des Versuchs auch sichtbar zu machen. In jedem Teilquerschnitt wurden 4 Reihen zu je 8 Klebstoffdübeln eingeklebt.

Die Prüfkörper wurden in einem Versuchsstand geprüft, der eine Untersuchung der Verbindung unter reiner Querkraftbeanspruchung ermöglicht. Mit Hilfe von 4 Wegaufnehmern wurde die Verschiebung zwischen den beiden Teilquerschnitten der Prüfkörper ermittelt. Dazu wurden die Relativverschiebungen der beiden Hirnholzflächen zum Boden des Aufspannfeldes gemessen (Abb. 39).

Die Versuchsdurchführung erfolgte in Anlehnung an die ISO 21581 [17] für Scherwände aus Holz unter statischen und zyklischen Seitenlasten. Diese Norm sieht eine wiederholte dreiecksförmige Belastung der Prüfkörper vor, bei der die Amplitude nach einer definierten Anzahl von Zyklen erhöht wird. Die Belastung wird bei diesen Versuchen weggesteuert mit 0,485 mm/sec aufgebracht. Abb. 37 zeigt exemplarisch das Verformungs-Zeit-Diagramm des zweiten Versuchs. Da der Kolben mittels einer Gewindestange mit dem Prüfkörper verbunden war, entspricht der Kolbenweg der Verformung des Prüfkörpers am Lasteinleitungspunkt.

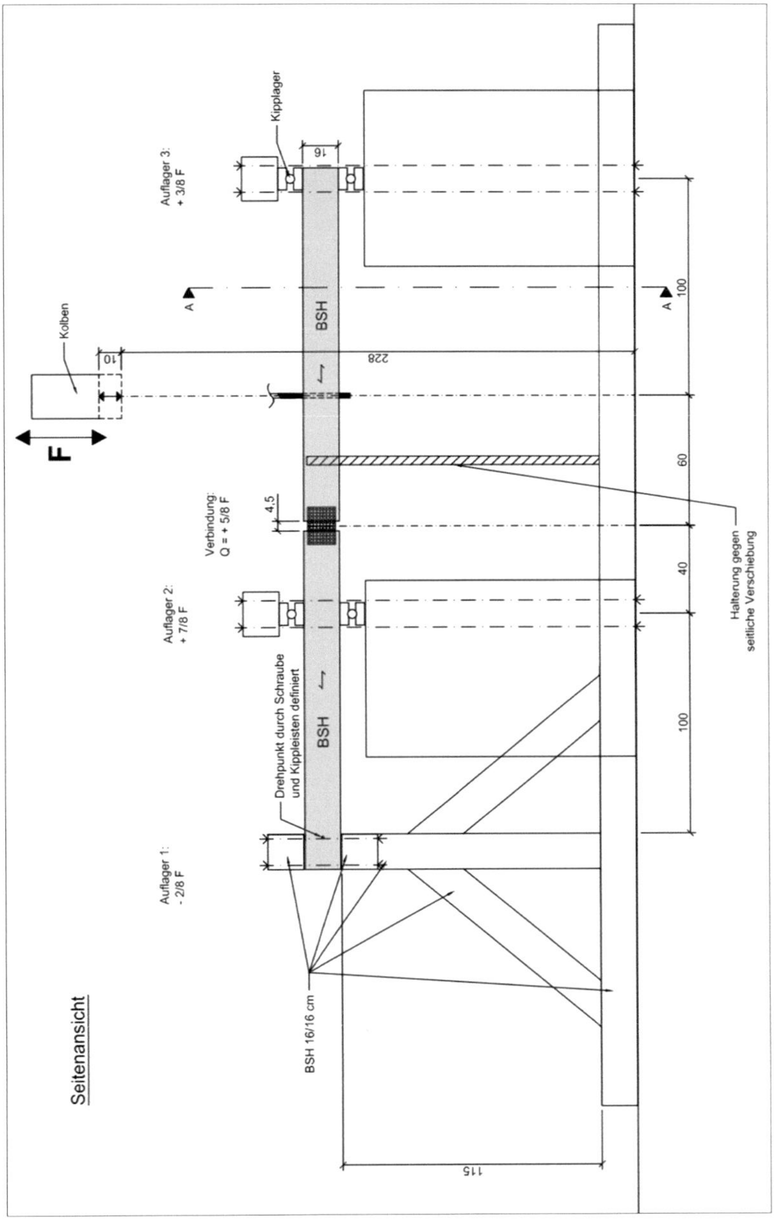

Abb. 36: Seitenansicht des Versuchsstandes mit Prüfkörper

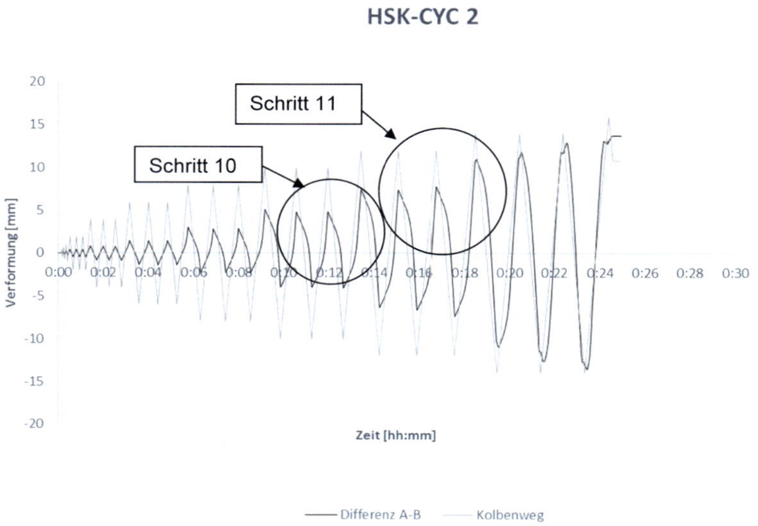

Abb. 37: Verformungs-Zeit-Diagramm, Prüfkörper HSK-CYC

Abb. 38 zeigt exemplarisch die Kraft-Verformungs-Kurve des zweiten Versuchs. Es ist zu erkennen, dass mit steigender Belastung der Anteil aus plastischer Verformung zunimmt. Nach der Versuchsdurchführung wurden die Prüfkörper geöffnet. Es war zu erkennen, dass die Verankerung des Lochbleches über die Klebstoffdübel ohne Schädigung gegeben war, während das Lochblech im mittleren Teil versagte. Die Versuche zeigen, dass eingeklebte Lochbleche auch für Erdbebenbeanspruchungen so ausgelegt werden können, dass der Stahl das schwächste Glied in der Kette ist. Dadurch kann eine hohe Duktilität der Verbindungen realisiert werden. Aus Sicht der Autoren kann das HSK-System somit einen Beitrag zur Energiedissipation im Erdbebenfall leisten.

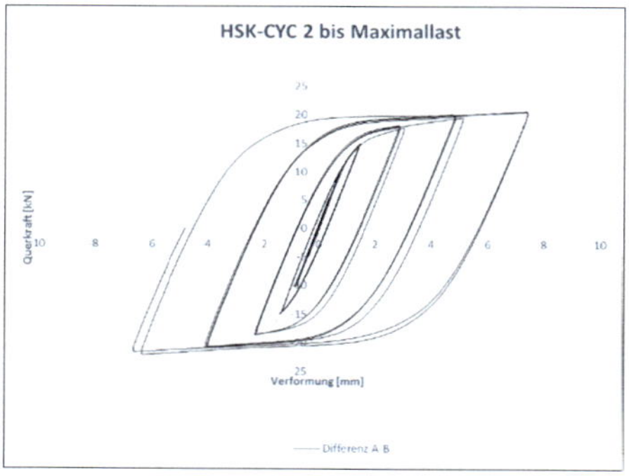

Abb. 38: Kraft-Verformungs-Kurve, Prüfkörper HSK-CYC 2

Abb. 39: Verbindung während dem Versuch, Ausbildung von Beulfeldern

10 Zusammenfassung

Der Holz-Stahl-Klebeverbund mit eingeklebten Lochblechen stellt eine leistungsfähige Verbindungsmitteltechnologie dar. Diese wurde in zahlreichen Versuchen im Labor und in verschiedenen Bauanwendungen erprobt. Es konnte gezeigt werden, dass verschiedenste Belastungen durch das System aufgenommen werden können. Dazu gehören Normal- und Schubkräfte in verschiedenen Holzfaserrichtungen, Beanspruchungen aus Biegemomenten, Langzeitbelastungen, ermüdende Lasten aus Schwingungen und Beanspruchungen aus Erdbebenlasten. Das Holz-Stahl-Klebeverbindungssystem liefert damit einen Ansatz, um den Herausforderungen des modernen Ingenieurholzbaus gerecht zu werden.

Quellen/Literatur

[1] DIN EN 1995-1-1/NA:2013-08, „Nationaler Anhang – National festgelegte Parameter – Eurocode 5: Bemessung und Konstruktion von Holzbauten – Teil 1-1: Allgemeines – Allgemeine Regeln und Regeln für den Hochbau“, DIN Deutsches Institut für Normung, 2013.

[2] Deutsches Institut für Bautechnik: „Allgemeine bauaufsichtliche Zulassung Z-9.1-770, Holz-Stahl-Klebeverbindungssystem (HSK-System) mit eingeklebten HSK-Verbindern“, 2014.

[3] BATHON, L.; BLETZ, O.; SCHMIDT, J.: „Untersuchungsbericht zum Holz-Stahl-Klebeverbundsystem mit eingeklebten Lochblechen“, Fachhochschule Wiesbaden, Holzbaulabor, 2006.

[4] DIEHL, F.: „Tragfähigkeitsuntersuchung von geklebten Rahmenecken“, Bachelorthesis an der Hochschule RheinMain, Institut für Baustoffe und Konstruktion, Labor für Holzbau, 2009.

[5] TiComTec GmbH; http://www.ticomtec.de/hsk/ref_schwerstedt.htm.

[6] BATHON, L.; BLETZ, O.; SCHMIDT, J.; WEIL, M.; DIEHL, F.; WAGNER, A.: „Entwicklung von leistungsstarken Fachwerkkonstruktionen aus dem nachwachsenden Rohstoff Holz unter Verwendung innovativer Holz-Metall-Klebeverbindungen“, Schlussbericht zum BMBF-Forschungsvorhaben 17079X10, 2014.

[7] Universität Stuttgart, Institut für Leichtbau Entwerfen und Konstruieren; http://www.uni-stuttgart.de/ilek/.

[8] Holzbau Gröber GmbH; www.groeber.de.

[9] Pollmann & Sohn GmbH & Co.KG Baubeschläge; http://www.pollmann.de/.

[10] Purbond AG; http://www.purbond.com/.

[11] Ulrich Lübbert Warenhandel GmbH & Co. KG; http://www.holzleime.de.

[12] Equilibrium Consulting Inc.; www.eqcanada.com.

[13] Timber Tower GmbH; www.timbertower.de.

[14] University of Northern British Columbia; http://www.unbc.ca/engineering/wood-innovation-and-design-centre.

[15] Wood First Programm; www.woodfirstbc.ca/projects/wood-innovation-and-design-centre.

[16] Michael Green Architecture; http://mg-architecture.ca/work/wood-innovation-design-center/.

[17] ISO 21581, „Timber structures – Static and cyclic lateral load test methods for shear walls“, 2010.

Bathon, Leander
Prof. Dr.-Ing.

1992:	Promotion, Portland University / USA
seit 1993:	Berater – Ingenieur – Gutachter
seit 1996:	Professor für Holzbau / Baukonstruktion, Hochschule RheinMain
seit 1998:	öbuv Sachverständiger für Holzbau, Baukonstruktion, Schäden an Gebäuden
seit 2002:	Leitung des Labors für Holzbau der Hochschule RheinMain
seit 2006:	Prüfingenieur für Baustatik, Fachrichtung Holzbau

Oliver Bletz-Mühldorfer, Jens Schmidt und Friedemann Diehl sind Mitarbeiter des Labor für Holzbau der Hochschule RheinMain

---

Brandschutz und Holz: Es kommt darauf an, was man daraus macht!

Gerd Geburtig

Kurzfassung

Der Brandschutz ist als Schutzinteresse unserer Gesellschaft fest im Bauordnungsrecht verankert. Dahingehend werden auch immer noch die Detailanforderungen des Brandschutzes – anders als beispielsweise bei der Tragwerksplanung, der Planung der Energieeffizienz oder auch des Holzschutzes – sehr präzise für Standardgebäude direkt in der jeweiligen Landesbauordnung bzw. in Sonderbauverordnungen oder – richtlinien geregelt. Diese umfangreichen Vorschriften des Brandschutzes haben als übergreifende Ziele eine Brandentstehung weitmöglich zu vermeiden, eine Brand- und Rauchausbreitung im Brandfall zu behindern sowie die Rettung von Menschen und Tieren sowie wirksame Löscharbeiten zu ermöglichen. Diesen grundlegenden Schutzzielen des Brandschutzes läuft zunächst der Einsatz von Holzbauteilen zuwider, denn diese sind brennbar. Dennoch erfreut sich das Bauen mit Holz in den vergangenen Jahren einer zunehmenden Beliebtheit (s. Abb. 1), sowohl aus ökologischer Sicht als auch aus Kosten- und Errichtungszeitgründen. Wie das Baurecht aktuell darauf reagiert und welche Möglichkeiten bestehen, beleuchtet der folgende Beitrag.

Abb. 1: Kindertagesstätte in Holzbauweise

1 Einleitung

Die Verwendung von Holz bei der Errichtung von Gebäuden hat insbesondere beim Fachwerkbau eine lange Geschichte. Bekannt war Fachwerk bereits den Römern; man kennt die bezeichnenderweise brandschutztechnisch begründete Klage des Vitruv: *„Fachwerk wünschte ich, wäre nie erfunden. Soviel Vorteil es nämlich durch die Schnelligkeit (seiner Ausführung) und durch die Erweiterung des Raumes bringt, umso größer ist der Nachteil, den es bringt, weil es bereit ist zu brennen wie Fackeln."* [1] Dennoch wurde es, konstruktiv und künstlerisch immer weiter ausgereift, in Mittel- und Westeuropa seit frühgeschichtlichen Zeiten bis in das 19. Jahrhundert hinein zu großartiger Entfaltung gebracht. Entsprechend reichhaltig ist der verbliebene Bestand, u. a. auch in Deutschland (s. Abb. 2).

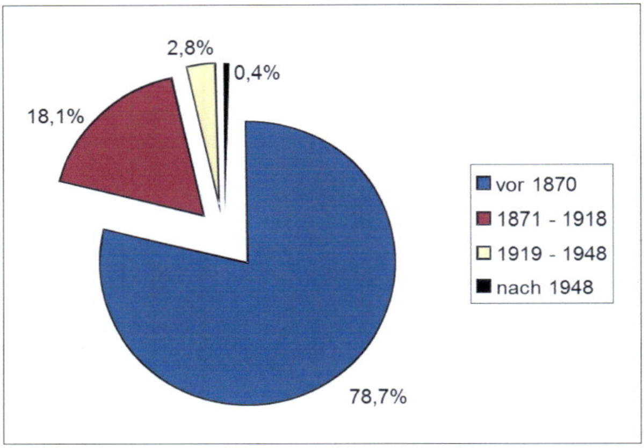

Abb. 2: Prozentuale Verteilung des Fachwerkbestandes in Deutschland, nach [2]

Während das Fachwerk des Mittelalters nur spärlich durch Funde und Befunde dokumentiert ist, kann für die Zeit von 1550 bis 1750 die Fachwerkbauweise als dominierend für den deutschen Raum gelten. Danach nahm der Einsatz steinerner Konstruktionen deutlich zu, aber Holzbalkendecke und hölzerne Treppe blieben als wesentliche Tragkonstruktionen erhalten. Im Barock wurde damit begonnen, Sichtfachwerkkonstruktionen entweder nach Stadtbränden oder wegen angeblicher Brandunsicherheit zu verputzen. Diese z. T. nachträglichen brandschutztechnischen Ertüchtigungen führten häufig zu Beeinträchtigungen wertvoller Bausubstanz und haben sich nur wenig bewährt. Der Baustoff Holz wird im beginnenden dritten Jahrtausend n. Chr. mit dem Begriff „ökologisches Bauen" [3] verknüpft.

2 Aktuelle bauordnungsrechtliche Anforderungen

Nachdem der Einsatz von unbekleideten Holzbauteilen in Deutschland seit der beginnenden Brandschutznormung im Jahr 1934 zunehmend eingeschränkt wurde und auch gemäß der heutigen Musterbauordnung (MBO) [4] ohne Abweichungen oder Erleichterungen zunächst nur bis zur Gebäudeklasse 3 möglich ist, wurden zum Jahr 2018 – beginnend in Baden-Württemberg – die grundsätzlichen Möglichkeiten der

Verwendung unbekleideter Holzbauteile erheblich erweitert. Mit dem § 26 (3) LBO fügte man zum 21. November 2017 einen neuen Absatz wie folgt in die Landesbauordnung für Baden-Württemberg ein: *„Abweichend von Absatz 2 Satz 3 sind tragende oder aussteifende sowie raumabschließende Bauteile, die hochfeuerhemmend oder feuerbeständig sein müssen, aus brennbaren Baustoffen zulässig, wenn die geforderte Feuerwiderstandsdauer nachgewiesen wird und die Bauteile so hergestellt und eingebaut werden, dass Feuer und Rauch nicht über Grenzen von Brand oder Rauchschutzbereichen, insbesondere Geschosstrennungen, hinweg übertragen werden können."* [5].

Abb. 3: Nunmehr in mehreren Bundesländern auch ohne Abweichung möglich: Unbekleideter Massivholzbau bis zur Gebäudeklasse 5

Im Land Berlin wiederum, welches dem Beispiel Baden-Württembergs am 09. April 2018 als nächstes folgte, wurde mit dem neuen Absatz 3 des § 26 BauO Bln [6] die Bauordnung wie folgt ergänzt: *„Abweichend von Absatz 2 Satz 3 sind tragende oder aussteifende sowie raumabschließende Bauteile, die hochfeuerhemmend oder feuerbeständig sein müssen, in Holzbauweise zulässig, wenn die erforderliche Feuerwiderstandsfähigkeit gewährleistet wird."* Nach einer jahrzehntelangen und sicherlich durch die verheerenden Kriegserlebnisse des 20. Jahrhunderts in einem gewissen Maße auch verständliche bauordnungsrechtliche Diskriminierung des Holzes wurde mit den vorgenannten neuen Regelungen eine funktions- und schutzzielbezogene Einsatzmöglichkeit eröffnet (s. Abb. 3), die sich nicht mehr ausschließlich auf die Brennbarkeit unbekleideter Holzbauteile bezieht (s. Abb. 3).

Zum 01. Januar 2019 folgte das Bundesland Nordrhein-Westfalen, wobei im dortigen § 2 (3) BauO NRW 2018 [7] wie im Land Baden-Württemberg ausdrücklich ergänzt wurde *„... und die Bauteile so hergestellt und eingebaut werden, dass Feuer und Rauch nicht über Grenzen von Brand- oder Rauchabschnitten, insbesondere Geschosstrennungen, hinweg übertragen werden können"*, obwohl sich diese Anforderung aus den weiteren Brandschutzanforderungen der Landesbauordnung bzw. der Eingeführten Technischen Baubestimmungen ohnehin ergibt.

Zur Drucklegung dieses Beitrages wurden auch in die Landesbauordnungen der Bundesländer Hessen (07.07.2018) und Hamburg (26.11.2018) vergleichbare Regelungen zu Holzmassivbauweisen, aber getreu dem Förderalismus in Deutschland, mit unterschiedlichen, aber nicht unwesentlichen zu beachtenden Nuancen aufgenommen. Es ist zu erwarten, dass weitere Bundesländer folgen werden.

Mit den ergänzenden Regelungen der Landesbauordnungen für Baden-Württemberg und Nordrhein-Westfalen wird jedoch zugleich der „Finger in die Wunde" gelegt: Beim Bauen mit unbekleideten Holzbauteilen kommt es insbesondere auf die korrekte Ausbildung des Raumabschlusses an, damit vor allem eine Rauchausbreitung über die in der Landesbauordnung definierten Zeiträume ausreichend behindert wird. Regelwerke decken dafür gegenwärtig noch nicht alle erforderlichen Detailausbildungen ab bzw. befinden sich derzeit noch in der Entwicklung. Deswegen sind momentan noch vielfältige individuelle Lösungsansätze wahrzunehmen, für die bisher allerdings nur in seltenen Fällen ausgereifte bauaufsichtlich anerkannte Verwendbarkeitsnachweise zur Verfügung stehen (s. Kap. 4).

Als geeignete bauaufsichtliche Regelwerke können der Hamburg Bauprüfdienst 2018-3 [8] und der im 2. Quartal von der ARGEBAU zur Anhörung freigegebene Entwurf der Muster-Richtlinie über brandschutztechnische Anforderungen an Bauteile für Gebäude der Gebäudeklassen 4 und 5 [9], während die gegenwärtig noch in allen Bundesländern gleichermaßen als Technische Baubestimmung eingeführte Muster-Richtlinie über brandschutztechnische Anforderungen an hochfeuerhemmende Bauteile in Holzbauweise der Gebäudeklasse 4 [10] i. Allg. baupraktisch nicht anzuwenden und eine Bauausführung eigentlich nur mit der Begründung von Abweichungen von dieser Technischen Baubestimmung möglich ist.

3 Brandschutztechnische Leistungsfähigkeit von Holzkonstruktionen

Bei heftiger Erwärmung zersetzt sich Holz in Kohle und brennbare Pyrolysegase. Eine Zündtemperatur kann nicht exakt bestimmt werden, da die Temperaturzunahme im Holz mit der Dauer der Erwärmung unterschiedlich einhergeht. Es ist möglich, dass bereits ein Abbrand bei 120 °C erfolgt; in der Regel findet er bei Temperaturen von mehr als 150 °C statt.

Das Brandgeschehen beim Holz spielt sich in folgender Weise ab: Zunächst heizt es sich auf, dann trocknen die Randzonen aus. Nun geschehen die thermische Zersetzung in verschiedene gasförmige Komponenten sowie in einen festen Rückstand und die Verbrennung des flüssig verbliebenen Produktes einschließlich der des festen kohlenstoffhaltigen Rückstandes. Bevor es zur Entzündung kommt, erwärmen sich diverse Randzonen auf die Pyrolysetemperatur von ca. 250 °C. Der Wärmeübergang erfolgt durch Strahlung und Konvektion. Die flüchtigen Bestandteile der thermischen Zersetzung, wie Kohlenwasserstoffe, Kohlenmonoxid, Wasserdampf, Teer und Benzol dünsten aus dem Inneren des Holzes aus und mischen sich mit freiem und gebundenem Sauerstoff. Nun folgen Zündung und Verbrennen der Gase an der Oberfläche. Parallel zur gesamten Oberfläche entstehen, von außen nach innen gesehen, folgende Bereiche: Holzkohle mit Temperaturen oberhalb 300 °C, Holz im Zustand der thermischen Zersetzung (Wärmeschicht zwischen Holz und Holzkohle), Holz im Bereich ab der

Pyrolysetemperatur um 250 °C, Holz im ausgetrockneten Zustand von der Siedetemperatur des Wassers bis zur Ausgangstemperatur. [11]

Die jeweilige Entzündungstemperatur des Holzes hängt primär von der Erwärmungsdauer und sekundär von der Rohdichte ab. Kleinere Holzproben entzünden sich spontan bei Temperaturen über 350 °C. Erfolgt eine langanhaltende Erwärmung, dann ist jedoch, wie bereits oben beschrieben, eine Entzündung schon ab 120 °C möglich. Oberhalb von etwa 300 °C verläuft der Zersetzungsvorgang von Holz und die Energieabgabe. Die Reaktionsgeschwindigkeit steigert sich beständig, ohne dass eine äußere Energiezufuhr notwendig ist.

Die Wärmeleitfähigkeit von Holz verändert sich bei Wärmezufuhr. Während der Erwärmung steigt sie im Temperaturbereich von 0 °C bis 200 °C durchschnittlich von 0,12 W/mK bis 0,15 W/mK auf durchschnittlich 0,17 W/mK, danach nimmt sie bis zu einer Holztemperatur von etwas über 350 °C auf 0,05 W/mK ab und erlangt dann linear bei einer Temperatur von 1.000 °C wieder das Ausgangsniveau. [12] Die Wärmeleitfähigkeit der Holzkohleschicht, die sich nach einer gewissen Abbrandzeit am äußeren Holzquerschnitt bildet, beträgt ca. 0,0035 W/mK, was den zunehmend verlangsamten Abbrand erklärt.

Wegen der voraus benannten Randbedingungen ist Holz entweder durch eine Schutzschicht in Form einer Bekleidung oder durch konzeptionelle bzw. anlagentechnische Maßnahmen zu schützen, damit eine Entzündung oder Brandweiterleitung nicht erst auftreten kann. Dazu ist anzumerken, dass im Gegensatz zu einer Holzrahmenkonstruktion (s. Beispiel der Abb. 4), bei dem eine Bekleidung zwingend erforderlich ist, eine selbige den Massivholzbau seines eigentlichen Reizes beraubt, weshalb oft alternative architektonische Lösungen gewünscht sind (s. Abb. 5). Dafür sind die im Kap. 2 benannten neuen bauordnungsrechtlichen Randbedingungen sehr hilfreich.

Abb. 4: Bekleidetes Holzrahmentragwerk

Abb. 5: Sichtbares Massivholztragwerk

Der Abbrand des Holzes wird je nach Holzart über unterschiedliche Abbrandgeschwindigkeiten definiert und für den Brandfall nach DIN EN 1995-1-2:2010-12 (Eurocode 5, [13]) im Zusammenhang mit dem Nationalen Anhang [14] bemessen, die als Technische Baubestimmung in allen Bundesländern gleichermaßen bauaufsichtlich eingeführt ist.

Unter der Abbrandgeschwindigkeit ist das Verhältnis der Abbrand- und Verkohlungstiefe in Bezug auf die Branddauer zu verstehen. Nicht nur die Holzeigenschaften, der Feuchtegehalt und die Rohdichte beeinflussen die Abbrandgeschwindigkeit, sondern auch das Verhältnis der Oberfläche zum Volumen, die Querschnittsform, die zusätzlichen Verformungen, die Holzbeschaffenheit, die Brandbelüftungsbedingungen und die reale Temperaturbeanspruchung bei einem Naturbrandereignis (s. Abb. 6). Holz brennt langsam und berechenbar ab; der entstehende Rauch ist vergleichsweise gering toxisch. Somit ist das Brandverhalten des Holzes besser als sein Ruf. Anhand der genormten Abbrandgeschwindigkeiten für verschiedene Holzarten ist es möglich, auf der Grundlage der Einheits-Temperaturzeitkurve oder anhand eines festgelegten Naturbrandszenarios, die reale Feuerwiderstandsfähigkeit bestehender hölzerner Konstruktionen unter Berücksichtigung des aktuellen Zustandes, wie z. B. eines Schädlingsbefalls, zu berechnen.

Abb. 6: Holz brennt berechenbar ab

4 Details, Abschottungen und Brandsperren

Eine besondere Herausforderung stellen vor allem bei holzsichtigen Holzmassivbauten die Verbindungen der Bauelemente hinsichtlich des Raumabschlusses und damit der Rauchdichtigkeit bei einem Brandfall dar.

In den beiden o. g. neuen Richtlinien werden dagegen zumindest im Ansatz praxisgerechte Detailanforderungen und -lösungen auch für die bisher nicht zulässige Massivholzbauweise und auch Hybrid-Konstruktion aus brennbaren und nichtbrennbaren Bauteilen oberhalb der Gebäudeklasse 3 zur Handhabung gereicht. Unter anderem werden nunmehr neben Fugenbekleidungen (s. Abb. 7) Wände mit Koppelbrett als unbekleidete Fugenausbildung (s. Abb. 8) und Anschlüsse der unbekleideten Massivholzbauteile an nichtbrennbare Wände notwendiger Treppenräume (sog. Mischbauweise, s. Abb. 9) durch mit Steinwolle ausgestopfte Stoßfugen und Brandschutzdichtmasse oder mind. 20 mm dicke, durch Verschraubung komprimierte Steinwolledämmstreifen zugelassen.

Abb. 7: Bekleidete Fugenausbildung massiver Holzbauteile

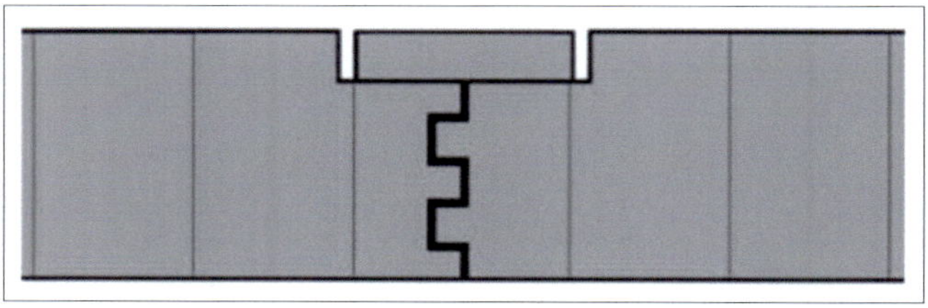

Abb. 8: Wandanschluss mit Koppelbrett [15]

Abb. 9: Mischbauweise mit nichtbrennbarem notwendigen Treppenraum

Bei werkseitig vorgefertigten Holzelementen kann gemäß [16] eine Wand auch unbekleidet bleiben, sofern die Elementfugen ausreichend rauchdicht ausgeführt werden. Dies gilt als erfüllt, sofern die Elemente mit einer doppelten Nut-Feder-Verbindung durch eine kraftschlüssige Verschraubung bzw. mit außenseitig aufgebrachtem Koppelbrett zusammengefügt werden.

Auch der Anschluss von Trockenbaukonstruktionen mit brandschutztechnischen Klassifikationen ist sorgfältig zu planen. In den Abb. 10 bis 13 sind entsprechende Anschlüsse an Massivholzbauteile zu sehen, mit denen unter Berücksichtigung des Abbrandes der massiven Holzkonstruktion die erforderliche Ausführung dimensioniert wurde. Auch in dieser Hinsicht sind gleichermaßen die Verwendbarkeits- oder Anwendbarkeitsnachweise der zur Ausführung bestimmten Trockenbaukonstruktionen zu berücksichtigen, aus denen die konkret zulässige Anschlusssituation hervorgehen muss, andernfalls ist ggf. eine Bestätigung einer nicht wesentlichen Abweichung seitens des Herstellers vor der Ausführung (!) einzuholen.

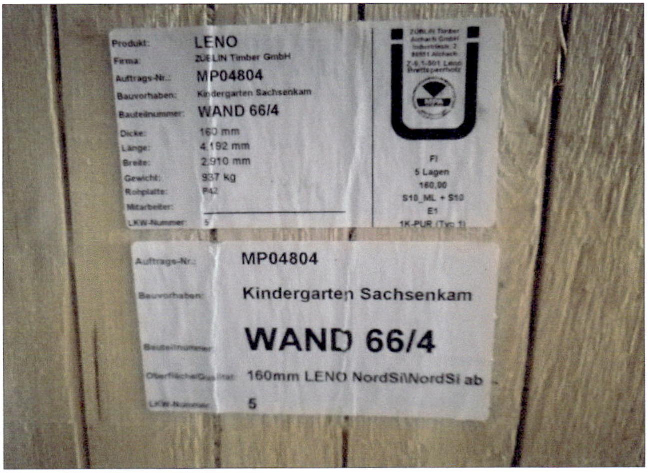

Abb. 10: Massivholzwand

Abb. 11: Zulässiger Anschluss der klassifizierten Trockenbauwand an ein nichtbrennbares Massivbauteil

Abb. 12: Für den Einzelfall mit dem Hersteller abgestimmte Trockenbaubekleidung des Massivholzbauteils vor dem Anschluss einer klassifizierten Trockenbauwand

Abb. 13: Anschlusssituation für eine Trennwand zwischen zwei Nutzungseinheiten

Darüber hinaus ist zu beachten, dass gemäß der ebenfalls als Technische Baubestimmungen eingeführten Muster-Leitungsanlagen-Richtlinie [17] und Muster-Lüftungsanlagenrichtlinie [18] die notwendigen Abschottungen durch Holzbalkendecken und Massivholzbauteile formal noch weitgehend ungeklärt sind.

Etwas lapidar besagt dazu der Abschnitt 4.7 der neuen Muster-Richtlinie (Entwurf) lediglich: „*Werden an den Verschluss der Öffnungen brandschutztechnische Anforderungen gestellt wie an Feuerschutzabschlüsse, Brandschutzverglasungen, Rohr- oder Kabelabschottungen und Brandschutzklappen, muss ein entsprechender bauaufsichtlicher Verwendbarkeits- bzw. Anwendbarkeitsnachweis vorliegen, der den Einbau dieser Abschlüsse in hochfeuerhemmende Bauteile nach Abschnitt 4.3–4.5 regelt."* Wegen derzeit aber noch vielfältig ungeklärter Prüfrandbedingungen erhalten die Hersteller zumeist keinen ebensolchen bauaufsichtlichen Verwendbarkeits- oder Anwendbarkeitsnachweis durch das DIBt erteilt ... Hier besteht ein zügiger Handlungsbedarf durch den Gesetzgeber, damit endlich eine ausreichende Bandbreite notwendiger Systeme zur Verfügung steht. In diesem Punkt muss die Funktion vor die formalen Anforderungen, die sicherlich bei Brandprüfungen sehr wichtig sind, gestellt werden!

Entsprechend Abschnitt 7.2 dürfen jedoch *„einzelne Leitungen oder einzelne Hüllrohre aus nichtbrennbaren Baustoffen mit bis zu drei Leitungen, die zur Versorgung des angrenzenden Raumes innerhalb derselben Nutzungseinheit dienen, innerhalb von Wänden und Decken geführt werden. Werden Leitungen in Bauteilen nach Abschnitt 4.3–4.5 durch die Brandschutzbekleidung geführt, sind die verbleibenden Hohlräume in der Brandschutzbekleidung mit nichtbrennbaren Baustoffen zu verspachteln."*

Somit ist festzustellen, dass – weil bisher nur sehr wenige entsprechende Bauprodukte für Durchdringungen, Öffnungsabschlüsse etc. verfügbar sind – in vielen Fällen derzeit noch mit Abweichungen von diesen Eingeführten Technischen Baubestimmungen nach § 85a MBO [19] geplant werden muss. Damit wird aber die Haftung für die jeweilige konkrete Lösung auf den Brandschutzplaner übertragen, was nicht im „Sinne des Erfinders" sein kann. Bewährt hat sich jedoch der Einbau zugelassener Abschottungsprodukte mit entsprechend geeigneten Leibungsauskleidungen (s. Abb. 14 und 15). Wenn jedoch der Anwendungsbereich im bauaufsichtlichen Verwendbarkeits- oder Anwendbarkeitsnachweis des Abschottungssystems den Einbau in eine Holzrahmenbauwand, eine Holzbalkendecke oder ein Massivholzbauteil nicht rechtfertigt, ist eine Abweichung unausweichlich. Selbstverständlich kann der Sachverhalt auch für jeden Einzelfall im bauaufsichtlichen Verfahren durch eine Zustimmung im Einzelfall nach § 20 MBO [20] geklärt werden, aber auch das dürfte nicht „im Sinne des Erfinders" sein ...

Abb. 14: Leibungsauskleidung vor dem Einbau eines Abschottungssystems mit Begründung einer Abweichung nach § 85a MBO

Abb. 15: Einbau von Absperrvorrichtungen, für die bereits eine Leistungserklärung als bauaufsichtlicher Anwendbarkeitsnachweis vorgelegt werden konnte

Eine andere mögliche Form der Ausführung besteht darin, massive nichtbrennbare Bauteile für die Durchdringungen zu nutzen, in die selbige gemäß dem Anwendungsbereich auch formal korrekt eingebaut werden können (s. Abb. 15).

Abb. 16: Vorbereitete massive nichtbrennbare Konstruktion für die Durchdringungen

Klassifizierte Öffnungsabschlüsse, wie Fenster und Türen mit Brandschutzanforderungen, können ebenfalls nicht ohne Weiteres in unbekleidete Holzbauteile eingesetzt werden; in den meisten Fällen sieht der jeweilige bauaufsichtliche Verwendbarkeits- oder Anwendbarkeitsnachweis vor dem Einbau eine Leibungsbekleidung vor, was ästhetischen Überlegungen allerdings oft zuwiderläuft.

Im Beispiel der Abb. 17 und 18 war der Hersteller der Brandschutzverglasung in einer unbekleideten massiven hölzernen Trennwand auf der Grundlage eigener durchgeführter Brandversuche in der Tat bereit, die Bestätigung zu einer nicht wesentlichen Abweichung gemäß § 21 (1) MBO [21] an den Errichter der Konstruktion abzugeben: Sicherlich aus formalen Gründen grenzwertig, aber erfolgreich.

Abb. 17: Öffnung in der Trennwand

Abb. 18: Ohne Leibungsbekleidung eingesetzte Brandschutzverglasung

Abschließend soll noch auf erforderliche Brandsperren im Fassadenbereich eingegangen werden, die nunmehr auch ein Bestandteil des neuen Entwurfes der Muster-Holzbaurichtlinie sind. Demzufolge gilt: *„Im Bereich von Brandwänden bzw. Wänden nach § 30 MBO, die anstelle von Brandwänden zulässig sind, ist die brennbare Außenwandbekleidung mindestens 1 m durch nichtbrennbare Baustoffe zu unterbrechen. Der Hinterlüftungsspalt darf über die Brandwand nicht hinweggeführt werden, sondern ist mindestens in Brandwanddicke mit einem im Brandfall formstabilen Dämmstoff nach Abschnitt 3.2 auszufüllen."* [22]

Diese Anforderung dürfte im Einzelfall jedoch überzogen sein. In den Abb. 19 und 20 ist eine praxisgerechte Ausführung zu sehen, die ausreichend eine mögliche horizontale Brandausbreitung behindert.

Abb. 19: Brandsperre im Bereich der Brandwand in der Unterkonstruktion der Fassade …

Abb. 20: … und oberhalb dieser

5 Brandschutz bei bestehenden Gebäuden mit hölzernen Konstruktionen

Für historische Gebäude mit hölzernen Bauteilen und deren Sanierung gibt es weder allgemein gültige Regeln und Anweisungen noch Normen. Kaum ein Fachwerkbau gleicht nach Bauweise bzw. Zustand dem andern. Eine anerkannte Regel der Technik ist, was theoretisch richtig und praktisch bewährt ist. Es ist daher erforderlich, solche Regeln für die Sanierung von Fachwerkbauten und Holzbauteilen zu definieren. Dazu werden in der WTA bereits seit Längerem weithin beachtete Merkblätter erarbeitet, von denen eine Vielzahl anerkannte Regeln der Technik beschreiben.

Das WTA-Merkblatt 8-12 in der Fassung vom Mai 2017 [23] widmet sich dabei zunächst grundlegenden Betrachtungen zum Brand- und Bestandschutz, zu den erforderlichen brandschutztechnischen Planungsschritten für bestehende Gebäude mit brennbaren Bauteilen, dem richtigen Umgang mit erforderlichen Abweichungen und Erleichterungen, den verschiedenen hölzernen Trag- und Ausbaukonstruktionen sowie den erforderlichen Maßnahmen gegen die Rauchausbreitung. Folgend wird der Feuerwiderstand von Fachwerkwänden, Holzbalkendecken, unbekleideten Balken, Unterzügen und Stützen, Holztreppen und von Verbindungsmitteln detailliert betrachtet. Daran schließen sich Überlegungen zu sinnvollen Maßnahmen des konstruktiv-baulichen, anlagentechnischen und organisatorischen Brandschutzes an. Das folgende Kapitel beschreibt den möglichen Einsatz moderner ingenieurgemäßer Nachweise auch bei historischen Gebäuden. Abschließend werden ausgehend von der erforderlichen Schutzzielidentifikation die notwendigen Aussagen eines Brandschutznachweises beschrieben.

In das Merkblatt mit integriert wurden auch die o. g. Abweichungstatbestände hinsichtlich der möglichen Durchdringungen für haustechnische Anlagen, sodass das Merkblatt als mittlerweile anerkannte Regel der Technik zur Begründung entsprechender Abweichungen durch Ersteller von Brandschutznachweisen herangezogen werden kann.

6 Fazit

Nachdem über viele Jahre hinweg in Deutschland der Einsatz insbesondere unbekleideter Holzbauteile aus bauaufsichtlicher Sicht eher kritisch gesehen wurde und teilweise immer noch gesehen wird, hat sich mittlerweile einiges getan: Bereits mehrere Bundesländer haben in dieser Hinsicht ihr Bauordnungsrecht liberalisiert und damit dem auch politisch gewollten Einsatz auch von unbekleideten Holzbauteilen richtige Impulse vermittelt.

Um die positive Eigenschaft des Baustoffs Holz – sein kontrolliertes und berechenbares Abbrandverhalten – nutzen zu können, ist ein sorgfältiges Brandschutzkonzept erforderlich, welches sich insbesondere den vielfältigen notwendigen Details stellt.

Beim Bestand ist es darüber hinaus besonders wichtig, dass die betreffenden Hölzer weitgehend ohne Holzschädigungen im Gebäude verbleiben. Nur eine intakte Holzbalkendecke bzw. ein gesundes Holzbauteil kann seinen Widerstand gegen ein Feuer entwickeln und der außergewöhnlichen Belastung durch ein Brandereignis standhalten. Somit sind die – wenn auch z. T. aus denkmalpflegerischer Sicht mitunter sehr schmerzhaften – holzschützenden bzw. die Schädlinge bekämpfenden Maßnahmen vordringlich und dienen einem angemessenen Brandschutz bei bestehenden Gebäuden. Für ein intaktes hölzernes Gefüge lohnt es dann, sich um ein unbekleidetes Verbleiben im Gebäude zu bemühen. Das WTA-Merkblatt 8-12 gibt dazu wertvolle Hinweise.

Anmerkungen/Quellen

[1] Des Vitruvs Zehn Bücher über Architektur, übersetzt und mit Anmerkungen versehen von Curt Fensterbusch, Darmstadt 1964, S. 117.

[2] Dritter Bericht über Schäden an Gebäuden, hrsg. v. Bundesministerium für Raumordnung, Bauwesen und Städtebau, Berlin 1995, S. 90.

[3] Dieser Begriff wird kommentar- und kritiklos in beinahe unzähligen, derzeitigen Schriften ohne nähere Analyse als positive Beschreibung für den nachwachsenden Rohstoff strapaziert.

[4] Musterbauordnung (MBO), Fassung November 2002, zul. geä. durch Beschluss der Bauministerkonferenz vom 13.05.2016.

[5] Landesbauordnung für Baden-Württemberg (LBO) in der Fassung vom 5. März 2010, letzte Änderung vom 21. November 2017, § 26 (3).

[6] Bauordnung für Berlin (BauO Bln) vom 29. September 2005, letzte Änderung vom 9. April 2018, § 26 (3).

[7] Bauordnung für das Land Nordrhein-Westfalen 2018 (Landesbauordnung 2018 – BauO NRW 2018) vom 21. Juli 2018 (gültig ab 1. Januar 2019), § 27 (3).

[8] Freie und Hansestadt Hamburg, Behörde für Stadtentwicklung und Wohnen, Amt für Bauordnung und Hochbau, Bauprüfdienst (BPD) 2018-3, Bauen in Massivholzbauweise (BPD Massivholzbau).

[9] Entwurf der Muster-Richtlinie über brandschutztechnische Anforderungen an Bauteile für Gebäude der Gebäudeklassen 4 und 5 – MHolzBauRL, Stand 23.05.2019.

[10] Muster-Richtlinie über brandschutztechnische Anforderungen an hochfeuerhemmende Bauteile in Holzbauweise (M-HFHHolzR), Stand 07/2004.

[11] Klingsch, W., u. M. Tavakkol-Khah, Physikalisch orientierte Simulation des Brandverhaltens von Holzbauteilen, in: Bauphysik H. 2, Berlin 1995, S. 38–43.

[12] Ebd., hier S. 39.

[13] DIN EN 1995-1-2:2010-12 Eurocode 5: Bemessung und Konstruktion von Holzbauten – Teil 1 – 2: Allgemeine Regeln - Tragwerksbemessung für den Brandfall; Deutsche Fassung EN 1995-1-2:2004 + AC:2009.

[14] DIN EN 1995-1-2/NA:2010-12, Nationaler Anhang – National festgelegte Parameter - Eurocode 5: Bemessung und Konstruktion von Holzbauten – Teil 1 – 2: Allgemeine Regeln - Tragwerksbemessung für den Brandfall.

[15] Entwurf der Muster-Richtlinie ... wie Anm. 9, hier S. 11.

[16] Ebd.

[17] Muster-Richtlinie über brandschutztechnische Anforderungen an Leitungsanlagen (Muster-Leitungsanlagen-Richtlinie – MLAR), Fassung 10.2.2015 (Redaktionsstand 5.4.2016).

[18] Muster-Richtlinie über brandschutztechnische Anforderungen an Lüftungsanlagen (Muster-Lüftungsanlagen-Richtlinie MLüAR) vom 29. September 2005, zul. geä. am 11. Dezember 2015.

[19] Musterbauordnung (MBO) …, wie Anm. 4, hier § 85a (1).

[20] Ebd., hier § 20.

[21] Ebd., hier: § 21 (1).

[22] Entwurf der Muster-Richtlinie … wie Anm. 9, hier S. 15 f.

[23] WTA-Publications (Hrsg.), WTA-Merkblatt 8-12, Fachwerkinstandsetzung nach WTA XII: Brandschutz von Fachwerkgebäuden und Holzbauteilen, Ausgabe 05.2017/D.

Geburtig, Gerd
Prof. Dr.-Ing. Architekt

Inhaber der Planungsgruppe Geburtig

seit 2014: Honorarprofessur für das Fachgebiet Brandschutz an der Bauhaus-Universität Weimar

seit 2019: Referatsleiter Brandschutz der Wissenschaftlich-Technischen Arbeitsgemeinschaft für Bauwerkserhaltung und Denkmalpflege e. V. (WTA),

Sachverständiger für vorbeugenden Brandschutz und für Energieeffizienz von Gebäuden (EIPOS)

Mitglied im NA 005-52-21 AA (Brandschutzingenieurverfahren) und im NA 005-52-04 AA (Brandverhalten von Baustoffen und Bauteilen – Klassifizierung (Katalog)) beim DIN

Prüfingenieur für Brandschutz, VPI

WÜRTH

WÜRTH
WÜRTH
LUFT- UND WINDDICHT-PROGRAMM
Mit Luft- und Winddichtprodukten im System sind Sie auf der sicheren Seite.
Und das für mindestens 10 Jahre. Zertifiziert – mit Brief und Siegel.
Adolf Würth GmbH & Co. KG · 74650 Künzelsau
T +49 7940 15-0 · F +49 7940 15-1000 · info@wuerth.com · www.wuerth.de
WÜRTH
10 JAHRE Systemgarantie

Schonende Behandlung von historischen Objekten
Präzisionsbegasung gegen holzzerstörende Insekten

www.groli.de
info@groli.de
0351 - 454 15 48 0

GROLI
Schädlingsbekämpfung
GmbH Dresden

Premium-Holzanstriche
für das Handwerk
Umweltgerecht, rationell und langlebig

remmers.com

remmers

Android iOS

Hydroo .net

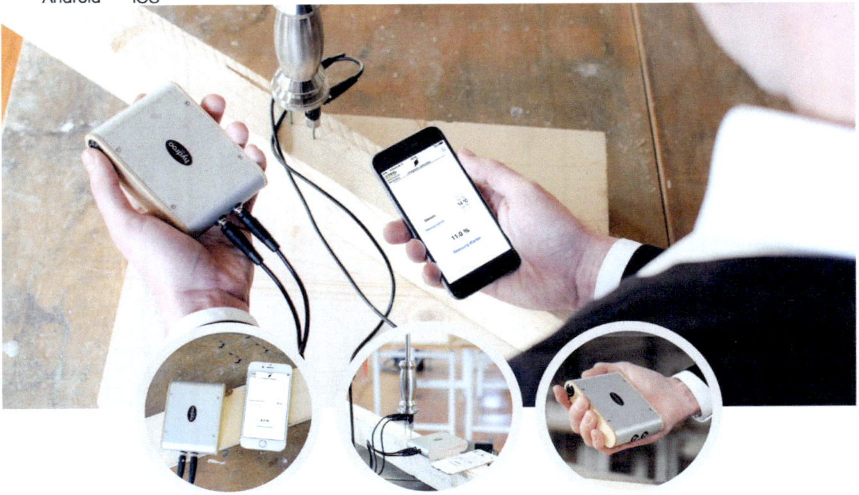

FEUCHTEMESSUNG 4.0

Messung starten - Sprachnotiz & Photo hinzufügen - Messung speichern - Prüfbericht erstellen. All dies geschieht dank Hydroo und der innovativen Smartphone-App in Sekundenschnelle. Legen Sie einzelne Messpunkte oder Messreihen an und verwalten Sie sämtliche Daten direkt in der App.

Wir nennen dies Innovation. Sie nennen es Zeitersparnis.
Ideal für Sachverständige und Holzbauprofis.

Präzise

Aktuell stehen über 40 Kennlinien für Bauhölzer zur Verfügung. Die Temperaturkorrektur erfolgt automatisch.

Intuitiv

Über die Smartphone-App werden sämtliche Messungen (Messreihen & Messpunkte) gesteuert und verwaltet.

Smart

Legen Sie eigene Kennlinien an, um individuelle Baustoffe zu messen. Oder führen Sie Dauermessungen durch. Hydroo bietet nahezu unendlich viele Möglichkeiten.

E-Mail
info@hydroo.net

Website
www.hydroo.net

Hydroo Messgeräte GmbH
Hauptstraße 1
D-04603 Windischleuba

SÄCHSISCHER HOLZSCHUTZVERBAND e.V.

Leistungen für Mitglieder:

- regelmäßige Information und Weiterbildung (Tagungen, Seminare, Exkursionen, schriftliches Informationsmaterial)
- Beratung und Unterstützung zu allen Problemen des Holzschutzes und zu rechtlichen Problemen

Mitglied kann nur werden, wer eine fundierte Ausbildung nachweist!

Leistungen außerhalb des Verbandes

- Beratung zu allen Problemen des Holzschutzes
- Vermittlung von Sachverständigen und Fachbetrieben
- Angebote zur Aus- und Weiterbildung (u. a. zertifizierte Ausbildungsstätte für die Ausbildung von „Sachkundigen für Holzschutz am Bau")
- Unterstützung öffentlicher und privater Bildungsträger

Nächste Sachkundelehrgänge/-prüfungen:

Vollzeitkurs:
20.–31.01.2020 (Prüfung: 15.02.2020)

Wochenendkurs, Sonderkonditionen für Studenten (Fr/Sa):
September bis November 2020

Weitere Informationen: www.sachkunde-holzschutz.de

Nächste Sächsische Holzschutztagung am 14. März 2020 in Chemnitz

Sächsischer Holzschutzverband e.V.
Zellescher Weg 24 · D-01217 Dresden
Telefon/Fax: +49 351 4662-492
E-Mail: info@holzschutz-sachsen.de
Internet: www.holzschutz-sachsen.de

Hausverbot für Pilze und Insekten
Referenzobjekt Kloster Altzella bei Dresden
Bekämpfung des gescheckten Nagekäfers mit Koratect® Ib
Biozidprodukte vorsichtig verwenden. Vor Gebrauch stets Etikett und Produktinformationen lesen.
Koranol Holzbau Grund
Koranol IB
Koratect Ib
Kurt Obermeier GmbH & Co. KG
www.kora-holzschutz.de
WIR MACHEN HOLZ STARK.
KORA®
HOLZSCHUTZ

Weitere Beiträge

Einfluss der Oberflächenvergütung auf mikrobielle Verfärbungen von Terrassen

Wolfram Scheiding, Philipp Flade, Katharina Plaschkies, Björn Weiß, Sabrina Meltzer

1 Einleitung

Terrassen- und Balkonbeläge sind bedeutende Verwendungsbereiche für Massivhölzer. In dieser Einbausituation (Gebrauchsklasse 3.2 gemäß DIN 68800-1, 2011 bzw. EN 335, 2013) besteht grundsätzlich eine Gefährdung durch holzzerstörende Pilze. In der Praxis treten jedoch häufig Probleme mit Befall durch Bläue- und Schimmelpilze sowie aeroterrestrische Algen auf. In einem kürzlich abgeschlossenem Forschungsprojekt wurde untersucht, ob biozidfreie silikonbasierte Vergütungsmittel dies besser verhindern als übliche Terrassenöle. Es wurden verschiedene Entwicklungsmuster von wasser- bzw. lösemittelbasierten Silikonharzen und -ölen untersucht. Im Ergebnis zeigte sich, dass diese trotz ihrer hydrophobierenden Wirkung die Besiedelung durch holzverfärbende Pilze nicht verhindern. Trotzdem erscheinen silikonbasierte Vergütungsmittel grundsätzlich zur Oberflächenvergütung von Terrassendielen geeignet, jedoch müssen geeignete Formulierungen (Rezepturen) entwickelt bzw. optimiert werden.

2 Problemstellung

Das jährliche Marktvolumen für Terrassendielen in Deutschland dürfte derzeit bei ca. 16 Mio. m² liegen, was einem Wert von 750 Mio. € entspricht; die verwendeten Holzarten bzw. Materialien verteilen sich anteilmäßig etwa wie folgt (nach ZELLER 2018):

- WPC, NFC (ca. 30 %),
- natürlich dauerhafte Holzarten wie Lärche und Douglasie, auch Eiche (ca. 24 %),
- Tropische Hölzer, wie Bangkirai, Basralocus, Garapa, Ipé, Massaranduba (ca. 20 %),
- kesseldruckimprägniertes Nadelholz, meist Kiefer oder Fichte, "grüne Ware" (ca. 13 %),
- thermisch oder chemisch modifizierte Hölzer (ca. 13 %),
- hydrophobierte Hölzer (geringe Anteile; vermutlich unter 1 %).

Bedingt durch die Einbausituation, die der Gebrauchsklasse 3.2 gemäß DIN 68800-1 bzw. DIN EN 335 entspricht, besteht bei Terrassen- und Balkonbelägen grundsätzlich eine Gefährdung durch holzzerstörende Pilze. Die Hölzer müssen daher entweder eine bestimmte natürliche Dauerhaftigkeit aufweisen oder durch Holzschutzmittelimprägnierung, Modifizierung oder Hydrophobierung ausreichend vergütet sein. Dabei weisen sowohl die natürlichen Kerninhaltsstoffe als auch die Vergütungen keine oder nur eine begrenzte Wirksamkeit gegen holzverfärbende Mikroorganismen auf. Zu diesen zählen Bläue- und Schimmelpilze sowie aeroterrestrische Algen.

Obwohl die Nachfrageentwicklung bei Holzbelägen und auch Holzfassaden generell positiv ist, gibt es zunehmend Probleme mit mikrobiellen Verfärbungen, die sowohl unbehandelte als auch oberflächenbehandelte Bauteile betreffen und die häufig schon nach wenigen Wochen auftreten. Die technische Funktion von Holzbelägen wird durch die Mikroorganismen nicht oder nur vernachlässigbar verändert (ausgenommen ggf. Rutscheigenschaften; vgl. PLASCHKIES et al. 2013), die Beeinträchtigung der ästhetischen Funktion – als wesentliche Produkteigenschaft – kann jedoch erheblich sein. Die rasche Verfärbung, teilweise bereits innerhalb weniger Wochen, wird meist nicht erwartet, und da dies oft noch innerhalb der gesetzlichen Gewährleistungszeit (Mängeleinspruchsfrist) auftritt, wird auch reklamiert.

Die natürlichen Kernstoffe haben zwar eine hemmende Wirkung gegenüber holzverfärbenden Pilzen, können diese aber nicht dauerhaft verhindern, zumal sie durch Bewitterung oberflächlich ausgewaschen werden. Auch modifizierte Hölzer sind nicht beständig gegen den Bewuchs bzw. Befall durch holzverfärbende Organismen, da ihr Schutzprinzip nicht-biozid ist. Eine Oberflächenvergütung, z. B. mit Terrassenölen oder Lasuren, kann die Verfärbungen ebenfalls oft nicht verhindern. Eine optische Beeinträchtigung kann auch entstehen, wenn schichtbildende Anstriche (z. B. Lasuren) ungleichmäßig abwittern bzw. abgenutzt werden.

3 Forschungsprojekt

Das IHD bearbeitete zu dieser Problematik von 2016 bis 2019 das Forschungsprojekt „Entwicklung nicht-biozider Oberflächenvergütungen auf Silikonbasis zum Schutz von Holz vor mikrobiellen Verfärbungen sowie einer entsprechenden Prüf- und Bewertungsmethode (KLARDECK)“. Das Projekt wurde durch das BMWi im Programm INNOKOM-Ost gefördert (Reg.-Nr. MF160022). Im Folgenden sollen ausgewählte Ergebnisse und Erkenntnisse zur Wirkung von silikonbasierten Vergütungsmitteln vorgestellt werden.

Die klassischen, auf Pflanzenölen basierenden Terrassenöle bieten offenbar nicht immer einen ausreichenden Schutz gegenüber mikrobiellen Verfärbungen. Auch können diese organischen Stoffe einen Nährstoff für Mikroorganismen darstellen (Stirling und Morris 2010). So wurde sogar ein Schutzprinzip für Holz vorgeschlagen, bei dem auf einer mit Pflanzenöl vorbehandelten Oberfläche gezielt ein vollflächiger, schwarzer Pilzbewuchs („black biofilm“) gebildet wird (u. a. Sailer et al., 2010; FILIPPOVYCH et al. 2016). Dieses System unter Verwendung des Bläuepilzes Aureobasidium pullulans wird als „Biofinish“ kommerziell angeboten (SAILER 2017).

Daher kommen Vergütungsstoffe z. B. auf Basis von Siliziumverbindungen, wie Silanen, Siloxanen bzw. Silikonen, in Betracht, deren starke hydrophobierende Wirkung bekannt ist. Diese Stoffe lassen sich gut auf die Holzmatrix applizieren, haben einen eher anorganischen Charakter und sind hinsichtlich des Umwelt-, Gesundheits- und Arbeitsschutzes weitgehend unbedenklich. Unter „OrganoWood“ oder „Kivipuu“ sind derzeit Hölzer für den Außeneinsatz im Handel, die mit Alkali-Silikaten behandelt wurden und die hydrophob und pilzresistent sein sollen.

Die Anwendung auf Holz war bereits Gegenstand verschiedener Untersuchungen, u. a. durch LUKOWSKI et al. (1997) sowie DONATH et al. (2004, 2006, 2007), TSHABALALA und YANG V (2009), in denen durchweg eine starke hydrophobierende Wirkung bestätigt wurde. Mit der Schutzwirkung von Ölen und Wachsen auf Holz befassten sich u. a. BRISCHKE et al. (2006). PFEFFER et al. (2012) stellten auf Kiefernsplint- bzw. Buchenholz, das mit einem Siloxan behandelt wurde, nach 9 Monaten Freibewitterung Verfärbungen durch Schimmelpilze fest. Dagegen fanden KUMAR et al. (2016), dass die Vergütung von Fichtenholz mit einem Octa-Decyl-Trichlor-Silan stark hydrophobierend wirkte, was in einer erhöhten Resistenz gegen Schimmelpilze resultierte.

GOBAKKEN und LEBOW (2010) untersuchten die Befallsanfälligkeit gegen holzverfärbende Pilze von unbeschichtetem und beschichtetem Holz verschiedener Holzarten einschließlich Fichte, Kiefer und acetyliertem Holz. Es wurde festgestellt, dass der Befall mehr von der Beschichtung als von der Holzart abhängt. Das acetylierte Holz zeigte sich dabei weniger resistent als die nativen Hölzer. Dies wurde in einer späteren Studie (GOBAKKEN et al. 2013) bestätigt, wobei festgestellt wurde, dass die Befallsintensität mit dem Acetylierungsgrad zunahm. FISCHER-REINHARD untersuchte in ihrer Dissertation (2007) den mikrobiellen Abbau von Siliconölen, Siloxanen und Silanolen und stellte fest, dass dieser nur bei speziellen chemischen Konstellationen stattfindet; es wurde bestätigt, dass die Mikroorganismen von Kohlenstoffquellen abhängig sind.

Im aktuellen Projekt wurde folgendes Anforderungsprofil für Vergütungsstoffe von Terrassendielen erstellt:

- gut verarbeitbar,
- ästhetisch ansprechend,
- wenig schichtbildend,
- langanhaltend schützend gegen Vergrauung, Abwitterung (Auswaschung, Mazeration) und mikrobielle Verfärbungen,
- hohe UV-Stabilität,
- geringe Klebrigkeit bzw. schmutzabweisend und nicht anschmutzend,
- rutschhemmend bzw. die Rutschfestigkeit nicht verschlechternd,
- kein Nährsubstrat für Mikroorganismen,
- nicht die Abtrocknung behindernd (geringer Diffusionswiderstand, kein Porenverschluss),
- leicht zu reinigen bzw. gut zu warten (erneuern).

Als Vergütungsmittel wurden Silikonöle und Silikonharze untersucht, die jeweils in wasserbasierter und in lösemittelbasierter Form zum Einsatz kamen. Silikone sind synthetische Polymere, bei denen die Silizium-Atome über Sauerstoffatome in der Form [-Si-O-Si-] verknüpft sind; an nicht verknüpfte Bindungen sind organische Reste in Form von Methylgruppen [-CH3] angelagert. Der Anteil der organischen Reste (und damit der Kohlenstoffanteil) ist daher umso kleiner, je stärker die Vernetzung ist. Silikonöle haben geringere Polymerisationsgrade, d. h. kürzere Kettenlängen und eine geringere Vernetzung. Gegenüber herkömmlichen Terrassenölen wurden für diese Stoffe einige Vorteile erwartet:

- Durch die stark hydrophobe Oberfläche feuchtet sich das Holz weniger auf, und das Niederschlags- bzw. Tauwasser trocknet rascher ab. Die Zeitdauer, in der sich holzverfärbende Mikroorganismen entwickeln können, ist deutlich verkürzt, der Bewuchs setzt später ein und ist weniger intensiv.

- Silikone bieten aufgrund ihres synthetischen und stärker anorganischen Charakters (Silizium anstelle von Kohlenstoff als Gerüstbaustein) eine geringere Nährstoffquelle für Mikroorganismen, wodurch Befallsgeschwindigkeit bzw. Befallsintensität reduziert werden.
- Die Performance von Silikonverbindungen ist im Vergleich zu klassischen Terrassenölen besser, da sie eine hohe UV-Stabilität aufweisen, keine nachteiligen oberflächlichen Schichten bilden und durch die organischen Seitenketten gut an die Holzmatrix ankoppeln.

Vergütungsmittel

Die Prüfkörper für Laborversuche und Freibewitterung wurden aus Lärche (teilweise mit Splint-anteilen), Thermoesche sowie acetyliertem Holz (Accoya) hergestellt. Die Abmessungen der Proben für die Laboruntersuchungen waren (300 x 50 x 20) mm^3 und für die Freilanduntersuchungen (500 x 120 x 24) mm^3 (Länge x Breite x Dicke).

Bei den Vergütungsmitteln, die für die Labor- und Freilandversuche verwendet wurden, handelte es sich um Entwicklungsmuster ohne Pigmente und weitere Additive und keine marktreifen Produkte auf Basis speziell entwickelter Formulierungen. Zur besseren Vergleichbarkeit wurde als Referenz kein handelsübliches Terrassenöl verwendet, sondern eine Basisformulierung ebenfalls ohne Pigmente und sonstige Additive.

Für die Testfläche (Terrasse IHD-Konferenzgebäude) wurden auch die Holzarten Lärche, Thermoesche und Accoya verwendet. Jeweils drei Teilflächen wurden mit einem Silikonharz, einem Silikonöl (jeweils lösemittelbasiert) und – zum Vergleich – mit handelsüblichen Terrassenölen behandelt (für Accoya wurde ein speziell entwickeltes Produkt verwendet).

Code	Beschreibung
SOW	Silikon-Öl, wasserbasiert
SOL	Silikon-Öl, lösemittelbasiert
SHW	Silikon-Harz, wasserbasiert
SHL	Silikon-Harz, lösemittelbasiert
SPG	Silikonöl-Pflanzenöl-Gemisch, lösemittelbasiert (= SOL + Holzöl)
POO	Pflanzenöl ohne Additive (Basis für Terrassenöl), farblos, biozidfrei
POP	Pflanzenöl (klassisches Terrassenöl), pigmentiert, biozidfrei
POB	Pflanzenöl (Holzschutzöl-Lasur), farblos, biozidhaltig
AOL	Holzöl, lösemittelbasiert, pigmentiert; mit Bläueschutz

Tab. 1: Übersicht über die untersuchten Vergütungsmittel

Die Applikation der Vergütungsmittel erfolgte durch vollständiges Tauchen über 2 h (Laborprüfkörper) bzw. 30 s (Freilandprüfkörper) bei Raumtemperatur; überschüssiges Mittel wurde durch Abtropfen und Abtupfen entfernt.

4 Untersuchungen

4.1 Mikroskopische Untersuchung der Schichtbildung

Auf den mikroskopischen Querschnitten ist erkennbar, dass – wie erwartet – die silikonbasierten Mittel keine bzw. nur eine sehr geringe Schicht ausbildeten (Abb. 1); Unterschiede zwischen Silikonöl und -harz waren nicht erkennbar (Abb. 2). Dagegen bildeten die pflanzenölbasierten Mittel deutliche Schichten zwischen etwa 20 µm (SPG) und 45 µm (POO, POB). Hierbei ist zu beachten, dass das Pflanzenöl ohne Additive (POO) viskoser ist als die anwendungsfertige Formulierung.

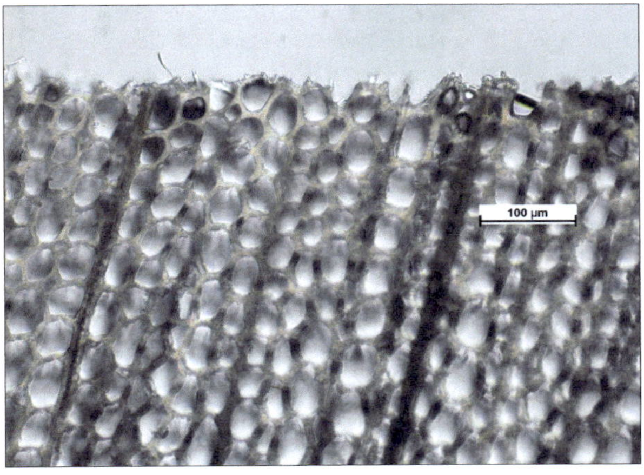

Abb. 1: Lärche mit lösemittelbasiertem Silikon-Harz (SHL), ohne erkennbare Schichtbildung; M 200:1

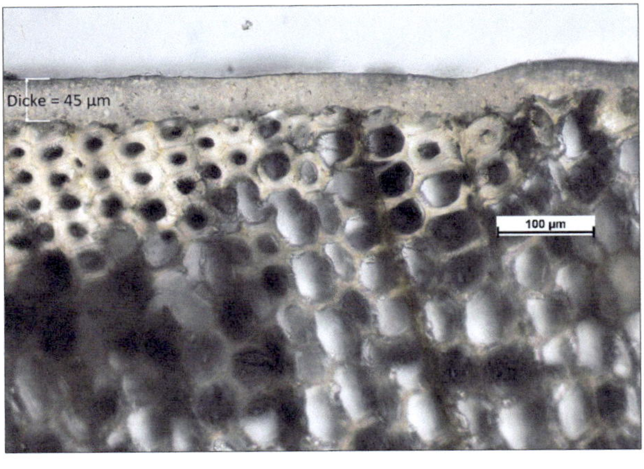

Abb. 2: Lärche mit Pflanzenöl ohne Additive (POO), deutliche Schichtbildung (Hinweis: POO ist viskoser als die anwendungsfertige Formulierung); M 200:1

4.2 Laboruntersuchungen zum Verfärbungspotenzial holzverfärbender Pilze

In umfangreichen Laboruntersuchungen im Rahmen einer Masterarbeit (MELTZER 2017) wurde das Verfärbungspotenzial verschiedener Bläue- und Schimmelpilze untersucht, die in der Stammsammlung des IHD verfügbar sind. Unter den definierten Bedingungen wurde mit verschiedenen Pilzarten bereits nach 6 Wochen Inkubation eine intensive Verfärbung der Holzproben sowohl auf Oberflächen als auch im Inneren erzeugt.

Besonders intensive Holzverfärbungen wurden durch die Pilzarten *Alternaria atra, Cladosporium cladosporioides, C. ramotenellum* und *C. herbarum* induziert. Diese könnten künftig als Prüfpilze zusätzlich zu *Aureobasidium pullulans* für eine Labor-Prüfmethode zum Nachweis der Anfälligkeit von Terrassen- und Balkonbelägen aus Holz gegenüber mikrobiellen Verfärbungen verwendet werden.

4.3 Freibewitterungsversuche

Im Juli 2017 wurden Prüfkörper der verschiedenen Versuchsvarianten auf dem Freibewitterungs-Prüfstand in installiert: waagerecht analog Einbausituation in Gebrauchsklasse 3.2 (Abb. 3) und 45° schräg und nordexponiert (Abb. 4), um zusätzlich einen Algenbewuchs zu provozieren.

Abb. 3: Freiland-Prüfstand mit Proben in Gebrauchsklasse 3.2

Abb. 4: Freiland-Prüfstand mit Proben in Schrägbewitterung und nordexponiert

4.4 Bewertung der Freilandproben

Die Freiland-Prüfkörper wurden regelmäßig wie folgt bewertet:

- fotografische Dokumentation des Zustandes der Prüfkörper-Oberflächen,
- mikroskopische Untersuchung der verfärbten Bereiche zur Identifizierung der biotischen bzw. abiotischen Verfärbungsursachen; Fotodokumentation,
- Bestimmung der Substrat- und der Oberflächen-Feuchte,
- Bestimmung des pH-Wertes an der Oberfläche,
- qualitative visuelle Bewertung der Verfärbungen auf Basis des Bewertungsschemas nach DIN EN 16492:2012.

Bereits nach ca. 2 Monaten freier Bewitterung wiesen sowohl Varianten mit silikonbasierten als auch solche mit pflanzenölbasierten Vergütungsmitteln dunkle Verfärbungen auf, die unterschiedlich stark ausgeprägt waren. Die Abb. 5 bis 8 zeigen ausgewählte Proben aus der Holzart Lärche; die Fotos wurden in trockenem Zustand aufgenommen.

Abb. 5: Lärche unbehandelt, nach 7 Monaten Freibewitterung

Abb. 6: Lärche mit Pflanzenöl, (POO) nach 7 Monaten Freibewitterung

Abb. 7: Lärche mit Silikonharz, lösemittelbasiert (SHL) nach 7 Monaten Freibewitterung

Abb. 8: Lärche mit Silikonöl, lösemittelbasiert (SOL) nach 7 Monaten Freibewitterung

Durch genauere Untersuchung der dunklen, meist punktförmigen Verfärbungen im biologischen Labor wurde bestätigt, dass diese auf Bläue- und Schimmelpilze zurückzuführen sind. Folgende Pilzarten fanden sich häufig:

- *Aureobasidium pullulans,*
- *Aureobasidium melanogenum,*
- *Cladosporium spp.* (u. a. *C. ramotenellum, C. cladosporioides*),
- *Epicoccum nigrum,*
- *Alternaria atra, Alternaria alternata ,*
- *Didymella glomerata.*

Algen spielten dagegen bei den waagerecht in GK 3.2 exponierten Proben keine und bei den schräg nordexponierten Proben nur eine sehr untergeordnete Rolle.

Die Verfärbungen erschienen auf dem hellen Accoya viel auffälliger als auf der dunkleren Thermoesche, auch wenn diese schon deutlich vergraut war. Die Proben in Gebrauchsklasse 3.2 sind davon erwartungsgemäß stärker betroffen als jene in Gebrauchsklasse 3.1.

Die qualitative Bewertung des mikrobiellen Bewuchses erfolgte gemäß DIN EN 16492 anhand

– der Intensität des sichtbaren Bewuchses,
– der Anzahl der Stellen mit optischer Veränderung,
– des prozentualen Flächenanteils der Stellen mit optischer Veränderung.

Zwischen sämtlichen Silikon-Mitteln wurde gegenüber den unbehandelten Varianten bei Lärche und Thermoesche kein Unterschied zum unbehandelten Holz festgestellt. Etwas anders zeigte sich Accoya, bei dem die unbehandelte Variante am wenigsten verfärbt erschien. Offenbar bleiben die Regen- oder Tautropfen länger auf den hydrophobierten Oberflächen stehen, wodurch die Pilze mehr Zeit haben, sich zu entwickeln; das nicht hydrophobierte Accoya nimmt dagegen mehr Wasser kapillar auf und reduziert damit die unmittelbare Oberflächenfeuchte.

Es wurde festgestellt, dass sich die Bewertungsstufen zwischen den Holzarten bzw. Behandlungsvarianten immer ähnlicher wurden bzw. die Unterschiede geringer wurden. Tendenziell erhielten die Pflanzenöl-Varianten höhere Bewertungsziffern; dies wäre ein – wenngleich schwacher – Beweis, dass pflanzenölbasierte Terrassenöle empfindlicher gegenüber mikrobiellem Befall sind. Für die biozidhaltige Variante (POB) konnte bei der visuellen Bewertung keine erkennbare Wirkung auf den mikrobiellen Bewuchs festgestellt werden, was auch durch mikroskopische Untersuchung bestätigt wurde.

4.5 Feuchteaufnahme und Hydrophobierungseffekt

Um die Wirkung der Oberflächenbehandlung auf die Oberflächen- und die Substrat- bzw. Holzfeuchte zu untersuchen, wurden regelmäßig die Masse der freibewitterten Proben sowie die Oberflächenfeuchte ermittelt. Die Bestimmung der Oberflächenfeuchte erfolgte mit dem elektrischen Widerstandsverfahren (GANN Hydromette RTU 600, Oberflächen-Messkappen); die Substratfeuchten wurden anhand von Darrproben berechnet.

Die hydrophobierende Wirkung der Silikonmittel war besonders bei Accoya offensichtlich und hat hier offenbar die kapillare Wasseraufnahme erheblich vermindert (Abb. 9). Bei Lärche und Thermoesche wurden dagegen kein besonderer Effekt, aber auch keine Unterschiede zur unbehandelten bzw. zur pflanzenölbehandelten Variante, festgestellt. Deutlich wurde dagegen der Modifizierungseffekt bei Thermoesche und Accoya, die gegenüber Lärche ein deutlich geringeres Holzfeuchteniveau aufwiesen. Diese Feststellungen wurden von den in GK 3.1 exponierten Proben durchweg bestätigt.

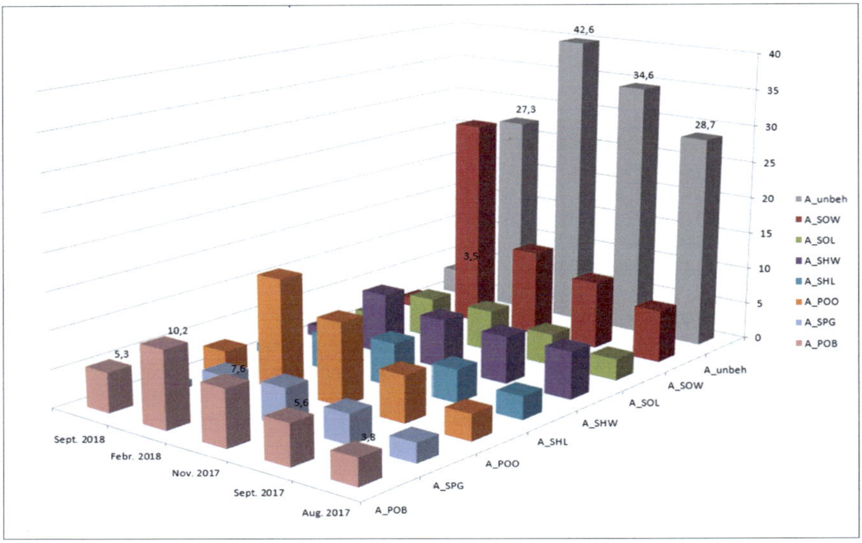

Abb. 9: Entwicklung der Holzfeuchte und Effekt der Oberflächenbehandlung über einen Zeitraum von einem Jahr am Beispiel von Accoya.

4.6 Mikroskopische Untersuchungen der Freilandproben

Die in GK 3.2 exponierten Proben wurden nach einem Jahr Freibewitterung mikroskopisch untersucht. Alle Varianten waren deutlich mit holzverfärbenden Pilzen besiedelt, wie Abb. 10 beispielhaft zeigt. Unterschiede bezüglich der mikrobiellen Besiedlung wurden auch hier weder zwischen silikonbehandelten und pflanzenölbehandelten Varianten noch zwischen vergütetem und unvergütetem Holz festgestellt; dies gilt für alle drei Holzarten.

Auch das Gemisch aus Silikonöl und Leinöl (SPG) zeigte keine bessere Wirkung.

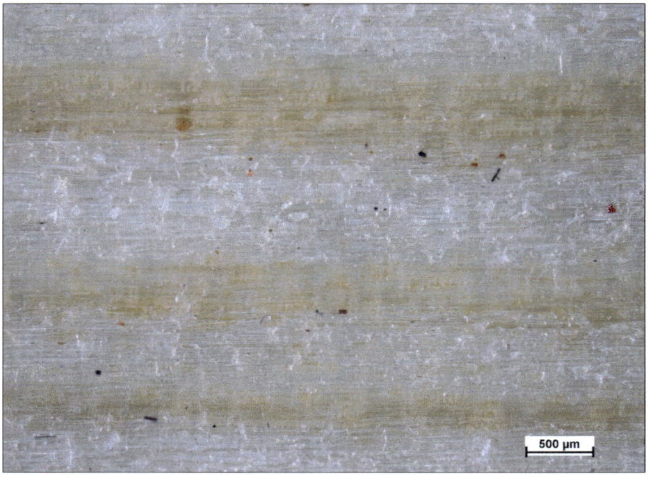

Abb. 10a: Lärchenholz mit lösemittelbasiertem Silikonharz (SHL); Ausgangszustand (M 50:1)

Bei den Pflanzenölvarianten, die eine gewisse Schicht bildeten, war diese nach einem Jahr Bewitterung aufgerissen, so dass die Schutzwirkung gegenüber mikrobieller Besiedelung nur noch sehr gering war. Die biozidhaltige Variante zeigte einen fast ebenso intensiven Bewuchs wie die biozidfreien; eine ausreichende hemmende Wirkung auf die verfärbenden Mikroorganismen war zumindest nach einem Jahr Bewitterung nicht mehr gegeben.

Abb. 10b: Lärchenholz mit lösemittelbasiertem Silikonharz (SHL); nach 1 Jahr Freibewitterung in GK 3.2 (M 30:1)

4.7 Testfläche

Die im April 2017 errichtete Terrasse an der Nordseite des Konferenzgebäudes des IHD wurde als Testfläche genutzt. Sie wurde zu je einem Drittel mit den Holzarten Lärche, Thermoesche und Accoya belegt, wobei je Holzart drei Teilflächen mit einem Silikonharz, einem Silikonöl (jeweils lösemittelbasiert) und zum Vergleich mit einem handelsüblichem Terrassenöl behandelt wurden. Die Teilflächen wurden regelmäßig fotografisch dokumentiert und bewertet.

Bereits nach ca. 6 Monaten stellten sich bei allen Varianten eine – unterschiedlich ausgeprägte – Vergrauung sowie dunkle Verfärbungen ein. Diese entsprachen im Wesentlichen den Bildern, die an den in GK 3.2 exponierten Freilandproben festgestellt wurden (vgl. Abb. 7 bis 10). Bei der Beurteilung des mikrobiellen Bewuchses besonders bei Accoya ist zu beachten, dass sich ein Großteil des Biofilms durch feuchtes Abwischen recht einfach entfernen lässt.

5 Diskussion und Fazit

Die silikonbasierten Vergütungsmittel konnten ihre Vorteile bezüglich des Verhinderns mikrobieller Verfärbungen im Rahmen der vorgestellten Untersuchungen bislang nicht unter Beweis stellen. Ein Grund ist sicherlich, dass ausschließlich Entwicklungsmuster ohne optimierte Formulierung zum Einsatz kamen; das gewählte Versuchsdesign hat sicherlich noch Verbesserungspotenzial. In den bisherigen Untersuchungen zeigten sich noch keine eindeutigen Vorteile für die lösemittel- oder wasserbasierten Varianten bzw. für Silikonharz oder -öl.

Die Zugabe von Pigmenten ist ganz offensichtlich vorteilhaft, ebenso eine gewisse (minimale) Filmbildung, wie sie mit dem handelsüblichen Terrassenöl erzielt wird. Nicht umsonst basieren die über viele Jahre entwickelten Produkte auf optimierten Rezepturen mit bis zu einem Dutzend Bestandteilen und entsprechenden Herstellungsverfahren.

Die hydrophobe Ausrüstung der Holzoberflächen konnte bei keiner Variante die Besiedelung durch holzverfärbende Pilze wirksam verhindern. Die Auffeuchtung des Holzes wurde zwar – zumindest anfänglich – verlangsamt, jedoch blieb das Wasser auf den hydrophobierten Oberflächen länger in Tropfenform stehen. Dies führte letztlich zu längeren Zeiten mit erhöhter Oberflächenfeuchte, die für ein Wachstum holzverfärbender Mikroorganismen ausreichend war. Dieser Effekt ist auch vom Schimmelpilzbefall in Innenräumen bekannt: hygroskopische und gut saugende Materialen nehmen Feuchtigkeit (Kondensat) von der Oberfläche auf und leiten sie (kapillar) in das Material weiter. Hierdurch wird die Materialfeuchte unmittelbar an der Oberfläche verringert, und Schimmelpilzbefall kann zumindest über eine gewisse Zeit verhindert werden. Bei der Schimmelpilzsanierung werden solche saugfähigen Materialien, z. B. Kalzium-Silikat-Platten, teilweise gezielt eingesetzt. Der Hydrophobierungseffekt ließ im Versuchszeitraum nach, und die mit silikonbasierten Vergütungsmitteln behandelten Proben glichen sich in ihrem Befeuchtungsverhalten dem nicht hydrophobierten Holz an.

Der geringere Nährstoffgehalt der Silikonöle bzw. -harze gegenüber den pflanzenölbasierten Varianten zeigte keinen erkennbaren Effekt. Dies könnte allein schon daran liegen, dass die Nährstoffansprüche der holzverfärbenden Pilze sehr gering sind, so dass hier bereits geringe Schmutzablagerungen genügen, sofern ausreichend Feuchtigkeit vorhanden ist. Dies lässt sich regelmäßig auf durch Pilze schwarz verfärbten Putz- oder Betonoberflächen (Fassaden) beobachten. Weiterhin ist möglicherweise die Bioverfügbarkeit des Kohlenstoffs in den pflanzenölbasierten Terrassenölen zu gering, als dass hier deutliche Unterschiede sichtbar werden könnten. Die Untersuchungen zeigten auch bei der biozidhaltigen Variante keine deutliche Hemmung des mikrobiellen Bewuchses. Dies zeigt, dass eine Biozidzugabe nur sinnvoll ist, wenn ein geprüftes Mittel in einer wirksamen Konzentration zugegeben wird. Andernfalls sollte im Sinne des Minimierungsgebotes eher auf die Anwendung von Bioziden verzichtet werden.

Die relativ schnelle Besiedelung aller Varianten mit verfärbenden Pilzen unabhängig von Holzart und Vergütungsvariante überraschte; offenbar sind die Bedingungen am Standort des IHD-Freilandprüffeldes eher anspruchsvoll. Trotz der eher ernüchternden Ergebnisse erscheinen silikonbasierte Hydrophobierungsmittel grundsätzlich zur Oberflächenvergütung von Terrassendielen geeignet. Für die breitere Verwendung müssten jedoch geeignete Formulierungen (Rezepturen) entwickelt und optimiert werden. Ein wichtiger Punkt dürfte dabei die Pigmentierung sein, die nicht nur der Farbgebung, sondern auch dem Licht- bzw. UV-Schutz dient.

Quellen

BEINKE, S. (2013): Terrassendielenabsatz in der laufenden Saison – besser als erwartet. Holz-Zentralblatt vom 25.10.2013.

BRISCHKE. C.; WELZBACHER, C. R.; RAPP, A.O.; BOLLMUS, S. (2006): Biozidfreier Holzschutz mit Ölen und Wachsen – Erfahrungen aus sieben Jahren Freilandversuchen zum Feuchteschutz durch Hydrophobierung. Holz-Zentralblatt 132(7): 206, 208.

DIN EN 335:2013-06 Dauerhaftigkeit von Holz und Holzprodukten – Gebrauchsklassen: Definitionen, Anwendung bei Vollholz und Holzprodukten.

DIN EN 927-6:2018 Beschichtungsstoffe – Beschichtungsstoffe und Beschichtungssysteme für Holz im Außenbereich – Teil 6: Künstliche Bewitterung von Holzbeschichtungen mit fluoreszierenden UV-Lampen und Wasser.

DIN EN 16492:2014 Beschichtungsstoffe – Bewertung von optischen Oberflächenveränderungen verursacht durch Pilze und Algen auf Beschichtungen.

DIN 68800-1:2011-10 Holzschutz – Teil 1: Allgemeines.

DONATH, S.; MILITZ, H.; MAI, C. (2004): Wood modification with alkoxysilanes. Wood Sci. Technol. Berlin 38(2004)7, 555–566.

DONATH, S.; MILITZ, H.; MAI, C. (2006) Creating water-repellent effects on wood by treatment with silanes. Holzforschung 60: 40–46.

DONATH, S.; MILITZ, H.; MAI, C. (2007): Weathering of silane treated wood. Holz Roh-Werkst 65: 35–42.

FISCHER-REINHARD, M. (2007): Mikrobieller Abbau von Siliconölen, Siloxanen und Silanolen Dissertation. Technische Hochschule Darmstadt.

FILIPPOVYCH, K.; HUININK, H.; VAN DER VEN, L.; ADAN, O. C. G. (2016): Dynamics of biofilm formation on wood impregnated with vegetable oils. The International Research Group on Wood Protection IRG/WP 16-40769.

GOBAKKEN, L. R.; LEBOW, P. K. (2010): Modelling mould growth on coated modified and unmodified wood substrates exposed outdoors. Wood Science and Technology 2010 v. 44 no. 2.

GOBAKKEN, L. R.; BARDAGE, S.; LONG II, S. C. (2013): Surface moulds and staining fungi on acetylated wood – effect of increasing acetyl content. The International Research Group on Wood Protection IRG/WP 13-10797.

KUMAR, A.; RYPAROVA, P.; HAJEK, P.; KRICEJ, B.; PAVLIC, M.; SKAPIN, A. S.; SERNEK, M.; TYWONIAK, J.; ZIGON, J.; PETRIC, M. (2016): Superhydrophobic treatment of Norway spruce for improvement of its resistance against brown rot and moulds. The International Research Group on Wood Protection IRG/WP 16-40734.

LUKOWSKY, D.; PEEK, R-D.; RAPP, A. O. (1997): Water-based Silikones on Wood. The International Research Group on Wood Protection IRG/WP 97-30144.

Meltzer, S. (2017): Untersuchungen zum holzverfärbenden Potential unterschiedlicher Vertreter der Klasse der Dothideomycetes. Masterarbeit TU Dresden, Internationales Hochschulinstitut Zittau.

PFEFFER, A.; MAI, C.; MILITZ, H. (2012): Weathering characteristics of wood treated with water glass, siloxane or DMDHEU. Eur. J. Wood Prod. (2012)70: 165–176.

PLASCHKIES, K., EMMLER, R., PAUTZSCH, P., PODNER, T.-M. (2013): Untersuchungen zum Algen- und Pilzbefall von Bodendielen aus WPC in Zusammenhang mit Rutscheigenschaften. Holztechnologie 54(2013)6: 30–36.

SAILER, M., NIEUWENHUIJZEN, E. J., VAN KOL, W. (2010): Forming of a functional biofilm on wood surfaces. Ecological Engineering 36(2010): 163–167.

SAILER, M. (2017): Beim Schutz vor Schädlingen auf ihresgleichen setzen. Holz-Zentralblatt 143(2017)20: 457.

STIRLING, R.; MORRIS, P. I. (2010): Degradation of carbon-based preservatives by black-stain fungi. The International Research Group on Wood Preservation. IRG/WP 10-30533.

TSHABALALA, M. A.; YANG, V.; LIBERT, R. (2009): Surface modification of wood by alkoxysilane sol-gel deposition to create anti-mold and anti-fungal characteristics. Silanes and other coupling agents / editor, K.L. Mitta. Pp. 135–147.

ZELLER, F. (2018): Terrasse – Fassade – Gartenholz: Produktarten und Marktverteilung. Vortrag 10. Europäischer TMT-Workshop Dresden 05./06. Mai 2018.

Scheiding, Wolfram
Dr. rer. silv.

1987–1992:	Diplomstudium Forstwirtschaft an der TU Dresden
1993–1998:	Wiss. Mitarbeiter TU Dresden, Lehrstuhl für Forstnutzung
1999:	Wiss. Mitarbeiter am Institut für Holztechnologie Dresden gemeinnützige GmbH (IHD), Ressort Werkstoffe
seit 10/1999:	Ressortleiter Biologie/Holzschutz am IHD und Leiter des Laborbereichs Biologische Prüfung der Entwicklungs- und Prüflabor Holztechnologie GmbH (EPH)

Gescheckter Nagekäfer – *Xestobium rufovillosum* (DE GEER, 1774)

Monitoring und Biologie des Käfers am Beispiel einer norddeutschen Kirche

Tobias Huckfeldt, Matthias Wieck, Uwe Noldt

1 Einleitung

Der Gescheckte Nagekäfer (*Xestobium rufovillosum*) hat viele Namen wie Bunter Nagekäfer, Bunter oder Scheckiger Pochkäfer, aber auch Totenuhr. Er ist ein wichtiger Verursacher von Fraß-Schäden an verbautem Eichenholz (MALENKOVIC, 1907; ECKSTEIN, 1916); viel ist über die Biologie bekannt, wenig jedoch über die mit ihm vergesellschafteten Fäulepilze. Die Frage, ob gesundes Eichenkernholz angegriffen werden kann, ist umstritten (KÖNIG, 1957; SUTTER, 1997; KEMPE, 1999; GROSSER, 2016). Es wird die Idee für eine neue substanzschonende Bekämpfungsmethode vorgestellt und am Beispiel der Ev.-Luth. St. Katharinen-Kirche in Probsteierhagen (Schleswig-Holstein) dargelegt (Abb. 1). Über einen Zeitraum von rund zehn Jahren wurden in der Kirche Daten zu Fäule-Schäden gesammelt und über fünf Jahre auch Daten zu den Schäden durch holzzerstörende Insekten. Die wissenschaftlichen Untersuchungen hierzu sind noch nicht abgeschlossen.

Abb. 1: Ev.-Luth. St. Katharinen-Kirche in Probsteierhagen mit ihrem Holzschindeldach; verschiedene historische Bauabschnitte sind am Mauerwerk abzulesen; der Feldstein-Mittelteil stammt aus dem 13. Jahrhundert; die nordöstlichen Anbauten aus dem 17. Jahrhundert und die Turmanlage stammt aus dem 18. Jahrhundert.

Zur weiteren Erforschung möchten die Verfasser um Einsendungen von aktiv befallenem Material (Lebendbefall) bitten. Kontakt: matthias.wieck@thuenen.de

2 Allgemeines

VITÉ (1952; Übersicht 1) hat ein Klassifizierungs-System für holzzerstörende Forstinsekten entwickelt, nach dem der Gescheckte Nagekäfer zu den Feuchtholzinsekten[1] gehört. Diese Einschätzung teilen SUTTER (1997) und NOLDT (2017). GROSSER[2] (2016) hingegen stellt den Gescheckten Nagekäfer zu den Trockenholzinsekten und RÜPKE (2019) zu den Faulholzinsekten. Nach VITÉ sind Trockenholzinsekten solche, die festes (also nicht faules) und trockenes Holz anzugreifen vermögen, z. B. Gewöhnlicher Nagekäfer/Möbelkäfer (*Anobium punctatum* (De Geer)) und Brauner Splintholzkäfer (*Lyctus brunneus* (Stephens); Tab. 7). Feuchtholzinsekten hingegen sind solche, die nur in faulem Holz vorkommen, wie z. B. der Schwammholznagekäfer (*Priobium carpini* (Herbst)). Hingegen gehören die holzzerstörenden Rüsselkäfer zu den Faulholzinsekten.

Der Gescheckte Nagekäfer gehört zur Familie der Poch- oder Klopfkäfer (Ptinidae, früher Anobiidae), zu denen auch der Gewöhnliche Nagekäfer und der Gekämmte Nagekäfer (*Ptilinus pectinicornis* (L.)) sowie die pilzabhängigen Nagekäfer (Trotzkopf: *Hadrobregmus pertinax* (L.) und Schwammholznagekäfer) gezählt werden (NOLDT, 2017). Weltweit gibt es 14 *Xestobium*-Arten (ANONYMUS, 2019): In Europa neun (zwei davon nur auf den Kanarischen Inseln) und drei, ggf. vier in Deutschland (FREUDE et al., 1969). Der Gescheckte Nagekäfer kommt in vielen europäischen Ländern und Nordamerika vor, fehlt aber in einigen südlichen Teilen von Europa wie z. B. Malta und Spanien, zudem auch in Nordirland und Island (FREUDE et al., 1969; PASQUAL et al., 2019; ANONYMUS, 2019). In der Natur wird das tote Holz von Laubbäumen befallen, besonders Eichen und Weiden; lebendes Holz wird nicht angegriffen. Entsprechend bekannt ist er aus Gebieten, in denen traditionell Eiche im Holzbau eingesetzt wird; er gilt als Kulturfolger (NOLDT, 2005). Der Name „Totenuhr" leitet sich von den gut hörbaren Klopfgeräuschen der erwachsenen Käfer ab. Früher glaubte man, dass das Klopfen im Zimmer eines Sterbenden dessen baldigen Tod ankündige. Die Käfer schlagen in kurzer Folge ihre Stirn auf die entsprechende Oberfläche und machen dann eine Pause, um anschließend erneut zu klopfen (FINDLAY, 1967; WYATT/BIRCH 2001). CYMOREK (1984) wies sieben bis zehn Schläge je Serie nach, wobei die ersten drei bis vier Schläge deutlich schwächer ausfielen. Dieses deutlich vernehmbare Klopfen dient der Verständigung während der Paarungszeit (HICKIN, 1963; BIRCH/KEENLYSIDE, 1991; WHITE et al., 1993; GOULSON et al., 1994; NOLDT, 2014). Es verhilft den Käfern zu einer gewissen Bekanntheit auch über Fachkreise hinaus und wird beispielsweise auch von TWAIN (1876) im „Tom Sawyer" und von POE (1843) erwähnt. Geklopft wird von beiden Geschlechtern in der Paarungszeit, jedoch vermehrt und eingeleitet vom Männchen (CYMOREK, 1984).

---

1 Warum VITÉ (1952) einerseits den Gescheckten Nagekäfer zu den Trockenholzinsekten (S. 44) stellt, anderseits aber direkt die Abhängigkeit vom faulen Holz beschreibt (S. 44) und somit einen Widerspruch zu seiner „Übersicht 1" auf Seite 21 (Trockenholzinsekten – Zustand des Holzes: fest und trocken) kategorisiert, muss ungeklärt bleiben.

2 Die Einteilung wird jedoch aufgrund einer Normdiskussion um die DIN 68800-4 kontrovers geführt; zumindest werden für die Entwicklung des Gescheckten Nagekäfers deutlich höhere Holzfeuchten benötigt als bei klassischen Trockenholzinsekten wie z. B. dem Hausbockkäfer (*Hylotrupes bajulus* (L.)), den Splintholzkäfers und dem Gewöhnlichen Nagekäfer (vgl. NOLDT, 2014, 2017; GROSSER, 2016).

Befallen werden Dachbalken, Fachwerk, Fenster, Möbel (selten) oder Kircheninventar, besonders gefährdet sind, vermutlich aufgrund erhöhter Holzfeuchte, Schwellen (FINDLAY, 1967; WEIDNER, 1993; KLOPFER, 2007). Bevorzugt wird Eichenholz zerstört, besonders das Splintholz, zudem z. B. auch Birke, Erle, Esche, Pappel, Ulme, aber auch Nadelhölzer, diese oft, wenn sie in Eichenholznähe verbaut sind (Abb. 5; BRAVERY et al., 2003; FINDLAY, 1967; LANGENDORF, 1988). Die Larven entwickeln sich in Hölzern vom Keller bis zum Dach. Dabei bevorzugt das Weibchen zur Eiablage mit Fäulepilzen besiedeltes Holz in Gebäuden mit erhöhten Holzfeuchten, meist sind dies Gebäude ohne Zentralheizung.

3 Das Kirchengebäude – St. Katharinen-Kirche in Probsteierhagen bei Kiel

Die Kirche wurde urkundlich erstmals 1259 als einfache Feldsteinkirche erwähnt, Teile der Außenmauern stammen aus dieser Zeit. Im 17. Jahrhundert fanden Erweiterungen statt und am Ende des 18. Jahrhunderts entstand das heutige spätbarocke Erscheinungsbild mit dem Turmneubau von 1788 (Abb. 1). Die ältesten Holzteile stammen nach dendrochronologischen Untersuchungen aus dem 13. Jahrhundert (Abb. 2 und Abb. 3). Einzigartig ist der Kirchenbau aufgrund seines Holzschindeldaches. Die Kirche liegt in der Dorfmitte etwas erhöht in der Nähe des Flüsschens Hagener Au; unweit des Dorfes liegt der Passader See.

Abb. 2: Historischer Dachstuhl vor der Renovierung. Da das alte Tragwerk statisch nicht mehr ausreichte, wurde ein zweiter Dachstuhl in den bestehenden eingebaut.

Abb. 3: Altes Eichenholz mit Bearbeitungsspuren durch ein Breitbeil.

Zur Situation in der Kirche: An zahlreichen Sparren zeigten sich Lebendbefall bzw. Schäden durch den Gescheckten Nagekäfer und z. T. Altschäden[3] durch den Gewöhnlichen Nagekäfer. Fraß-Schäden wurden in allen Ebenen der Sparrenlage vorgefunden, und der Lebendbefall in einigen Teilen durch Abklebungen nachgewiesen (Abb. 35 und Abb. 39). Soweit es sich feststellen ließ, wurde der Splintholz-Anteil an nahezu allen Bauteilen aus Eiche durch den Gescheckten Nagekäfer zerstört (Abb. 4, Abb. 19),

3 Die DIN 68800-4 trennt zwischen Schaden und Befall; Lebendbefall bezeichnet dabei einen lebenden Besatz mit Insekten-Larven im Holz, der Altschaden hingegen bezeichnet nur die bei erloschenem Lebendbefall vorgefundenen Fraßgänge, Ausschlupflöcher und Bohrmehl der holzzerstörenden Insekten in und am Holz. Bei Pilzen gibt es diese Unterscheidung nicht.

Kernhölzer[4] nur im Zusammenhang mit Fäule-Schäden (Abb. 5). Im Laufe der Untersuchungen wurden an vielen Sparrenfüßen und den Balkenauflagern, aber auch an den Sparren selbst zahlreiche holzzerstörende Pilze nachgewiesen (Tab. 1), oft jedoch nur noch das Fäulebild mit Würfelbruch von Braun- und Moderfäulepilzen und ohne Mycelien. Diese Schäden wurden dann, wenn möglich, im Innenraum als pilzliche Altschäden klassifiziert (Abb. 8).

Abb. 4: Typisches Fraßbild des Gescheckten Nagekäfers an Eichen-Splintholz: Das Splintholz wurde massiv zerstört, der Kernholzanteil wurde kaum befallen. Fäule-Schäden sind durch Moderfäulepilze und Kellerschwamm in den Randbereichen vorhanden.

Abb. 5: Fraßbild des Gescheckten Nagekäfers an z. T. braunfaulem Kiefernholz: Vom Splintholz ist kaum etwas erhalten, so stark wurde es massiv zerstört. Das Kernholz wurde nur an den Stellen zerstört, an denen zuvor eine Fäule vorlag.

Hintergrund: Es besteht von Seiten der Denkmalpflege der Wunsch, die Hölzer aus dem 13. Jahrhundert zu erhalten. Bei der Betrachtung der Pilzschäden war auffällig, dass sich viele, aber „nur“ kleinere Fäule-Schäden, auch mit Echtem Hauschwamm[5] (*Serpula lacrymans* (Wulf.: Fr.) Schroeter) entwickelten, es jedoch keinen zusammenhängenden Großschaden gab, wie er für einen Befall mit Haus- oder Kellerschwamm (*Coniophora sp.*) oft typisch ist. Dem Gescheckten Nagekäfer standen demnach in vielen Teilen des Dachstuhls pilzbefallene Hölzer für seine Larven zu Verfügung. Durch Laboranalysen von zahlreichen anderen Objekten konnte die Vielfalt der Pilze, die die Käfer-Larven mit dem Holz als Nahrung annehmen, nachgewiesen werden (Tab. 3). In Probsteierhagen sind viele Schäden unscheinbar und nicht alle fäulegeschädigten Hölzer wurden von Käfern besiedelt (Abb. 6 und Abb. 7).

Im Firstbereich wurde kein Insekten-Lebendbefall nachgewiesen (aber durchaus Insekten-Altschäden) und ein deutlich geringerer Lebendbefall zeigte sich auf der Südseite und an den inneren Streben. Hier wurde nur im Kontaktbereich zu den Sparren Lebendbefall nachgewiesen, dies obwohl sich gerade in den historischen Hölzern zumindest an der Oberfläche zahlreiche Fäulepilze nachweisen lassen (Abb. 8).

---

4 Hinweis: Es wurden nicht alle Bauteile mit Insekten-Schaden auf Fäule-Schaden untersucht, aber die Bauteile, die untersucht wurden, zeigten Pilzbefall.

5 Hier zeigt sich, dass der Echte Hausschwamm in seinem Wachstum nur dem Feuchtegradienten folgen kann (Coggins, 1991).

Abb. 6: Der Gescheckte Nagekäfer (*Xestobium rufovillosum*) ist ein kompakter Käfer mit feiner, „bunter" bzw. scheckiger Behaarung. Der Kopf ist, typisch für Klopfkäfer-Arten, nach unten gerichtet und wird vom Halsschild fast überdeckt (also unter dem Halsschild eingezogen).

Abb. 7: Die Behaarung des Gescheckten Nagekäfer dünnt mit der Zeit oft etwas aus; der Halsschild ist markant geformt, ein „Feuerwehr-Helm" fehlt jedoch.

Diese Fäule-Stellen zeigen an, dass es in der Vergangenheit längere Phasen mit Undichtigkeiten der Dachhaut gab. Diese sind behoben worden und hiernach trockneten die Fäulepilze ein, ohne weitere Schäden zu verursachen. Die Fäule-Schäden in Form eines feinen Würfelbruchs an der Oberfläche bleiben sichtbar – oft „nur" durch Moderfäulepilze (Abb. 8) verursacht. Diese Beobachtung deckt sich mit den Laboruntersuchungen am IF-Holz von vielen Gebäude-Materialeinsendungen (Tab. 3) der Vergangenheit, die zeigen, dass Moderfäulepilze die häufigsten Begleiter des Gescheckten Nagekäfers sind (Abb. 19 und 23). Welcher Fäulepilz dem Gescheckten Nagekäfer förderlich ist oder welcher nur eine Begleiterscheinung darstellt, ist aktueller Forschungsgegenstand. Moderfäulepilze benötigen vergleichsweise lange Zeiträume, in denen Holz nass ist, um Holz substanziell zu schädigen (HUCKFELDT/MELCHER, 2007). Nach Erfahrungen am IF-Holz benötigen Moderfäulepilze Holzfeuchten ab 50 %, so dass es zeitweise sehr feucht gewesen sein muss.

Abb. 8: Zugstrebe aus Eiche des historischen Dachstuhls mit einer oberflächlichen Fäule (mutmaßlich Moderfäule) aus einer Zeit mit massiven Dachschäden, zudem Schäden durch Gescheckten und Gewöhnlichen Nagekäfer; Eckbild: fast rundes Ausschlupfloch; Maßstab mit Millimetern.

Abb. 9: Massive Innenfäule an einem Nadelholz-Balkenkopf durch den Gelben Porenschwamm/Braunfäuletramete (*Antrodia xantha*). Weißes Mycel durchzieht das Holz; der Würfelbruch ist auffällig groß und ohne Insekten-Schaden; Bildstreifen: Befallsverlauf unten: am Sparren unten nur Pilzbefall mit hellen Strängen, oben auch Ausschlupflöcher.

Andere Fäule-Schäden waren massiver, so typische Braunfäule an Balkenköpfen und Sparrenfüßen; diese wurden saniert (Abb. 10). Einige dieser Schäden zeichneten sich durch die Abwesenheit von Insekten-Schäden aus (Abb. 9). Wahrscheinlich war dies so, weil für eine Insekten-Besiedlung eine zu schnell fortschreitende Fäule oder eine nicht erreichbare Innenfäule vorlagen. Primäre Schäden durch den Gescheckten Nagekäfer an völlig zerstörtem und braunfaulem Holz wurden in Probsteierhagen nicht sicher beobachtet. Hingegen wurden initiale Altschäden an völlig gesundem Nadelholz vom Gewöhnlichen Nagekäfer nachgewiesen.

Abb. 10: Dach-Sanierung: Typische verdeckte Schadbilder mit Insekten- und Fäule-Schaden an Balkenköpfen und Sparrenfüßen (Nr. 2-5) auf der Nordseite (rund die Hälfte der Balkenköpfe zeigten massiven Schäden), nur wenige Balkenköpfe waren vollständig intakt; so z. B. der Sparrenfuß Nr. 1. Die verdeckten Fäule-Nester wurden erst mit der Dachöffnung sichtbar. Es ist unklar, wie weit sich die Larven in ihrer bisweilen über zehn Jahre dauernden Entwicklung die Sparren entlang hoch fressen können. Fäule-Schäden: Kellerschwamm, Moderfäulepilze mit Beteiligung des Gelben Porenschwammes/Braunfäuletramete (Antrodia xantha (Fr.: Fr.) Ryv.); Eckbild: Larve aus dem Holz.

In der Kirche wurde in der Vergangenheit zeitgemäß mit DDT, Pentachlorphenol und Bor als Holzschutzmittelwirkstoffen gearbeitet (Abb. 11).

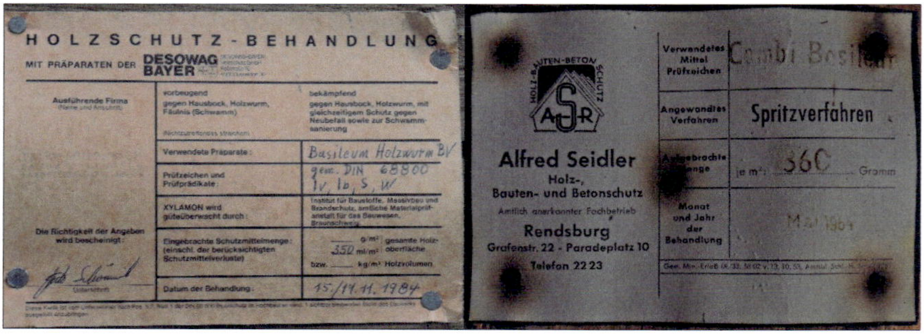

Abb. 11: Alte Dachkarten: Verwendet wurden 1964 Combi Basileum und 1985 Basileum Holzwurm BV. in einigen Bereichen der Kirche wurden 850 mg/kg Pentachlorphenol und 11 mg/kg Lindan gemessen.

Der Befall mit dem Gewöhnlichen Nagekäfer wurde so getilgt, der Lebendbefall durch den Gescheckten Nagekäfer jedoch nicht, bzw. nicht in allen Teilen, oder es ist ein Neubefall. Es ist gesichert, dass der Lebendbefall mit Gescheacktem Nagekäfer schon vor 1955 in der Kirche vorhanden war, da an zumindest zwei Stellen offene Fraßgänge zutage treten (Abb. 12 und Abb. 13). Die Holzanschnitte wurden spätestens 1955 mit dem Wiedereinbau der großen Glocke ausgeführt, die nach dem Krieg in die Kirche zurück verbracht wurde. Hintergrund: Zur Anlage der Fraßgänge benötigen Larven des Gescheckten Nagekäfers Seitenwände, um sich mit ihren Dornen Halt geben zu können (Abb. 18). Die Larven können keine Rinnen auf der Oberfläche fressen, sie würden abrutschen. Larven die aus dem Holz fallen, finden gewöhnlich nicht zurück ins Holz.

Die geschlechtsreifen Käfer (Imagines) des Gescheckten Nagekäfers sind innerhalb eines Gebäudes oft auffällig unterschiedlich groß (Abb. 38).

Fäuletyp Art: deutscher (lateinischer) Name	**Fundort**	**Fundzeit**
Braunfäule-Erreger: Gruppe Weiße Porenschwämme: Braunfäuletramete (*Antrodia* sp.)	Hauptschiff, über Apsis und Altarraum; Sparren: S18, N17	11.06.2008
Braunfäule-Erreger: Gruppe Weiße Porenschwämme: Gelbe Braunfäuletramete (*Antrodia xantha*)	Seitenflügel, Deckenbalken und Fußbodenbrett	19.04.2010
Braunfäule-Erreger: Gruppe Weiße Porenschwämme: Gelbe Braunfäuletramete (*Antrodia xantha*)	Seitenflügel, Deckenbalken	19.04.2010
Moderfäulepilze	Dachgeschoss über Seitenflügel/Giebelseite, Deckenbalken und Folie von Glaswolle	04.05.2010
Braunfäule-Erreger: Gruppe Weiße Porenschwämme: Gelbe Braunfäuletramete (*Antrodia xantha*)	Gebäudeteil: Ein-/Ausgang zur Fürstenloge	01.06.2010
Braunfäule-Erreger: Brauner Kellerschwamm (*Coniophora puteana*)	Seitenflügel, Deckenbalken unter Emporen-Geländer, linke Seite des Balkens	29.12.2010
Braunfäule-Erreger: Gruppe Weiße Porenschwämme: Gelbe Braunfäuletramete (*Antrodia xantha*)	Deckenbalken unter Emporen-Geländer, rechte Balkenseite	29.12.2010
Braunfäule-Erreger: Brauner Kellerschwamm (*Coniophora puteana*)	Stirnbrett Giebel, Ostseite	03.08.2011
Braunfäule-Erreger: Gruppe Weißen Porenschwämme: Braunfäuletramete (*Antrodia* sp.)	Fensterrahmen, Durchfeuchtung vom Mauerwerk	20.04.2012
Braunfäule-Erreger: Gruppe Weiße Porenschwämme: Gelbe Braunfäuletramete (*Antrodia xantha*)	nördlicher Dachfuß an der Traufe: End-Teile des Mauerbalkens (Schwelle), die in der turmseitigen Wand liegen.	30.10.2014
Braunfäule-Erreger: Gruppe Weiße Porenschwämme/ Braunfäuletrameten (*Antrodia* sp.) und Weißfäule: Hinweise auf Ausgebreiteten Hausporling (*Donkioporia* sp.)	Übergang Schiff zum Seitenflügel, Südwest-Ecke: Schwelle unterhalb der Kehle	17.11.2014
Braunfäule-Erreger: Echter Hausschwamm[1] (*Serpula lacrymans*)	nördlicher, turmseitiger Dachfuß an der Traufe: End-Teile des Gesims-Balkens	24.11.2014
Braunfäule-Erreger: Kellerschwamm (*Coniophora* sp.) und Moderfäulepilze	nördlicher Kirchendachfuß an der Traufe: äußere Schwelle im mittleren Bereich	19.01.2015
Moderfäulepilze (schwach)	Sparren S10, ca. 1,5 m unterhalb des Firstes	19.01.2015
Braunfäule-Erreger: Echter Hausschwamm[1] (*Serpula lacrymans*)	Nordseite; Sparren-Fuß 9; Balken	12.09.2017
[1] *Die Schäden durch den Echten Hausschwamm waren jeweils kleinräumig und wurden auch nur kleinräumig bekämpft.*		

Tab. 1: Pilzliche Schäden der letzten Dekade in der Kirche (Auswahl)

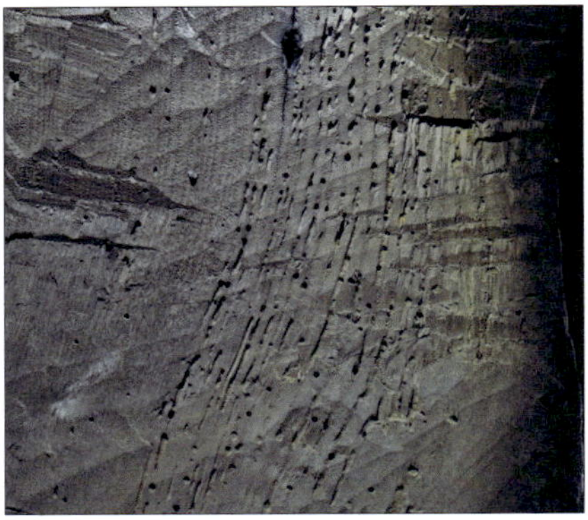

Abb. 12: *Angeschnittene Fraßgänge belegen die Anwesenheit eines Schadens durch den Gescheckten Nagekäfer vor 1955 (Detail aus Abb. 41). In diesem Jahre wurden die Glocken nach dem Krieg wieder aufgehängt. Die Fraßgänge folgen den Jahrringen und sind meist im Frühholz.*

Abb. 13: *Am Glockenturm wurden Hölzer gekürzt, bzw. angeschnitten um die großen Glocken in den Turm zu bringen. Die so sichtbar gewordenen Fraßgänge belegen wieder die Anwesenheit eines Schadens durch den Gescheckten Nagekäfer vor 1955. Die Fraßgänge folgen den Jahrringen.*

4 Der Käfer – Das Vollinsekt

Der Gescheckte Nagekäfer ist die größte heimische Nagekäferart mit dem typischen nach unten gebogenen, dunkelbraunen bis braun-schwarzen Kopf (Abb. 6) und dem Halsschild ohne Mittelhöcker (Abb. 7; NOLDT, 2005). An seiner scheckigen, gelbbraunen Behaarung ist er gut zu erkennen (Abb. 6; HOFFMANN, 1883). Bei älteren Käfern dünnt die Behaarung zuweilen aus (Abb. 7; HICKIN, 1963). Der übrige Käfer und die Unterseite sind einfach fein behaart (Abb. 14). Die Flügeldecken des Gescheckten Nagekäfers sind im Gegensatz zu vielen anderen Klopfkäfer-Arten weniger deutlich punktiert. Die Käfer sind oval bis etwas gestreckt und haben eine kompakte Gestalt. Sie sind hell- bis dunkelbraun und (4,5) 5 bis 7 (-9) mm lang, ca. 2 mm hoch, 2 bis 2,5 mm breit und ohne Aushöhlung zwischen dem mittleren Beinpaar (HICKIN, 1963). Die Weibchen sind an dem Legeapparat erkennbar und i. d. R. größer als die Männchen (Abb. 38). Die fadenförmigen Fühler sind elfgliedrig, wobei die drei letzten Segmente etwas vergrößert sind (Abb. 15).

Lebende Käfer sind meist von März bis Juli in Gebäuden außerhalb des befallenen Holzes zu finden; zuweilen werden auch noch später männliche Käfer nachgewiesen. In der Regel schlüpfen die Jungkäfer im Herbst aus ihren Puppenhüllen aus und verbleiben über den Winter ohne voll entwickelte Geschlechtsorgane verborgen im Holz. Zu Frühjahrsbeginn mit Ausschlupf der voll entwickelten Männchen folgen später die noch nicht vollständig entwickelten Weibchen. Dieses Verlassen des Holzkörpers erfolgt durch die frisch genagten oder erneut genutzten alten Ausschlupflöcher (HICKIN, 1975, FINDLAY, 1967; RIDOUT, 2000). Die Entwicklung und ihr Erscheinen sind von der Temperatur abhängig. In einem warmen Frühling lassen sie sich früher finden als in einem kalten. Die Weibchen sterben kurz nach der Eiablage, daher finden sich viele tote Tiere im Bereich befallener Balken, auch noch Jahre später (Abb. 34). Anders als andere Insekten scheinen sie nicht vom Licht angelockt zu werden. BELMAIN et al. (2000) stellten Unterschiede im Verhalten von jungen zu älteren Käfern sowie Männchen und Weibchen fest. Die meisten Käfer wurden in Probsteierhagen auf schwarzen Klebefallen in dunklen[6] Gebäudebereichen unterhalb von geschädigten Bauteilen gefangen. Wie viele große Käfer ist der Gescheckte Nagekäfer eher flugfaul, obwohl er gut fliegen kann (siehe unten). Bei Temperaturen von ca. 22 °C im Labor konnten vereinzelt kurze Flüge von mehreren Metern beobachtet werden. Einige Funde in Klebefallen aus Probsteierhagen bestätigen diese Beobachtungen (Abb. 38).

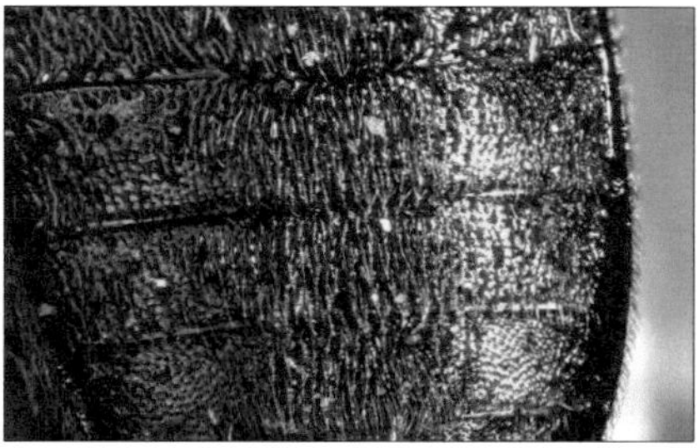

Abb. 14: Bauchansicht des Gescheckten Nagekäfers: Braune, einfach behaarte Unterseite.

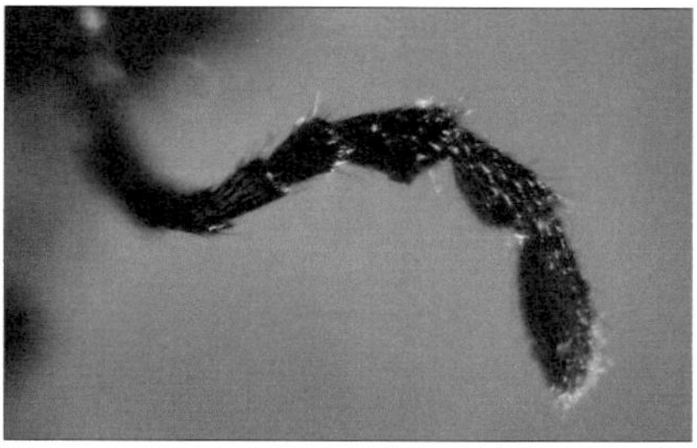

Abb. 15: Gescheckter Nagekäfer: Antenne; die drei letzten Segmente der Fühler sind verlängert und etwas verbreitert. Alle Segmente sind fein behaart.

Larven und Entwicklung

In den weißen bis milchigen Eiern entwickeln sich bei günstigen Temperaturen die Ei-Larven (Abb. 17). Die jungen Larven sind ca. 0,6 mm lang und suchen nach dem Schlüpfen eine Einbohr-Möglichkeit (RIDOUT, 2000). Dabei sind die Larven zumindest unter Laborbedingungen in der Lage, 16 bis 20 Tage ohne geeignetes Substrat zu überleben.

Bevorzugt kriechen sie in die großen Holzgefäße des Laubfrühholzes. Die Larven sind weiß mit Creme-Ton, bauchseitig gekrümmt und haben feine, schwarze Borstenreihen (Dörnchen) auf Brust- und Hinterleibs-Segmenten (Abb. 18). Die Kopfkapsel ist schmaler als der Larvenkörper und stärker sklerotisiert (braun). Die sechs Beine sind kurz und oft kaum zu sehen. Haben die Larven eine Länge von ca. 11 mm erreicht (ältestes Stadium), verpuppen sie sich (Abb. 38). Nach HAUSTEIN et al. (2006) scheint der Gescheckte Nagekäfer keine bedeutenden Schwankungen im Käferausschlupf zu zeigen. In der Studie wurden 29 Gebäude mittels Monitoring untersucht.

Nach HAUSTEIN et al. (2010) soll eine Population des Gescheckten Nagekäfers langsam absterben, wenn die Holzfeuchte dauerhaft auf Werte unterhalb von 12 u_m% abgesenkt wird. In zentralgeheizten Gebäuden ergibt sich oft eine Holzfeuchte von 6 bis 11 u_m%, die für eine Entwicklung zu niedrig ist. KLOPFER (2007) gibt als Mindestholz-

6 An anderen Orten, wie Freilichtmuseen hingegen ergaben sich gute Fangergebnisse mit Lichtfallen, die z. T. auch einfache Baulampen mit herkömmlichen Klebepappen kombinierten (Eigenkonstruktion; NOLDT, 2007).

feuchtigkeit 14 % an, RÜPKE (2019) 16 % und LANGENDORF (1988) betont ein höheres Feuchtebedürfnis als bei anderen Nagekäfer-Arten. Daher ist die Holzfeuchte-Reduzierung die wichtigste Maßnahme bei einem Lebendbefall (BRAVERY et al., 2003). Der Feuchtebedarf der Eier für das Schlüpfen ist in Tab. 2 wiedergegeben. Die Larven schlüpfen nicht bei 10 °C innerhalb von acht Wochen, jedoch wenn sie hiernach auf 20 °C gebracht werden (Daten aus HICKIN, 1963, bzw. FISHER 1938). In der Regel werden Käferweibchen ihre Eier bei Legedruck (nahe ihres Lebensendes) an jeden halbwegs geeigneten Platz legen, z. B. im Freiland und Gebäuden auch an gesundes Holz oder im Laborversuch zwischen die Falten eines zusammengeknüllten Papieres. Bevorzugt werden Spalten, Risse oder ähnlich geschützte Orte.

Abb. 16: Ausgeworfenes und z. T. zerwühltes Bohrmehl von Xestobium rufovillosum; hochwahrscheinlich durch einen Prädator wie den Blauen Fellkäfer (Korynetes caeruleus). Prädatoren fressen lebende wie auch tote Larven bzw. Käfer im Holz, so dass ihr Auftreten nicht zwingend ein Beweis für einen Lebendbefall ist.

Abb. 17: Gelege des Gescheckten Nagekäfers: An den erkennbaren Dellen nagen sich die Larven aus den Eiern. Länge jeweils; ca. 0,6 mm.

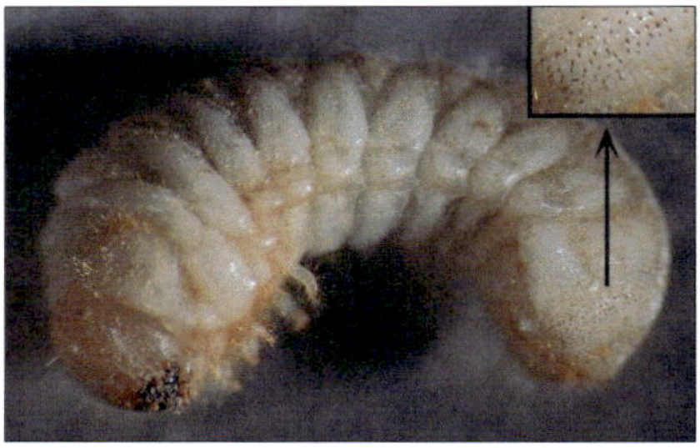

Abb. 18: Gebogene, elfenbeinfarbene Larve des Gescheckten Nagekäfers mit feinen Reihen von Dörnchen (↑; Eckbild). Die Kopfkapsel mit den braunen Mandibeln hebt sich etwas gelblich ab; mit Hilfe der Ringwülste kann sich die Larve vor und zurück bewegen; sichtbar sind auch die feinen goldenen Haare.

Abb. 19: Eiche: Schadbild des Gescheckten Nagekäfers ohne Bohrmehl in den Gängen; Splintholz (rechts) wird bevorzugt befallen; an diesem Beispiel wurde der gesunde Kernholzanteil nicht befallen. Das Splintholz ist charakteristisch schwammartig zerstört, dabei werden in diesem Beispiel besonders die Spätholzanteile zerstört, da sie von Moderfäulepilzen besiedelt waren (Eckbild).

Die Larven leben im Holz meist drei bis sechs Jahre (seltener bis zu 15 Jahren; NOLDT, 2014); HICKIN (1964) gibt vier bis fünf Jahre an und HAUSTEIN et al. (2010) bestimmten die Larvenentwicklungs-Dauer im Labor mit ein bis dreizehn Jahren. Unter optimalen Bedingungen ist ein voller Lebenszyklus unter Laborbedingungen auch in einem Jahr möglich (FINDLAY, 1967). Die Entwicklungszeit ist abhängig von abiotischen Umweltbedingungen und dem Nährstoffgehalt des Holzes. Die Käfer schlüpfen im Herbst unter einer dünnen Holzschicht. Hier überwintern sie (FINDLAY, 1967). Anschließend leben sie bis zu 10 Wochen außerhalb des Holzes (HICKIN, 1963) und bewegen sich ab 14 °C fort, jedoch nur langsam. Die Aktivität ist bei 17 bis 20 °C deutlich größer (Daten aus HICKIN, 1963).

theoretische Holzfeuchte (LOHMANN 1998)	**relative Luftfeuchte**	**15 °C**	**20 °C**	**25 °C**
ca. 8 %	41 %	49,7 Tage	23,6 Tage	15,3 Tage
ca. 9 %	53 %	41,3 Tage	21,3 Tage	15,7 Tage
ca. 15-16 %	75 %	45,6 Tage	20,0 Tage	14,2 Tage
ca. 19 %	86 %	-	20,7 Tage	15,7 Tage
ca. 24-25 %	95 %	44,9 Tage	21,1 Tage	12,5 Tage

Tab. 2: Reifezeit der Eier des Gescheckten Nagekäfers (Xestobium rufovillosum) bei verschiedenen relativen Luftfeuchten in Tagen, im Laborversuch (Daten von FISHER, nach HICKIN, 1963). Die Werte können nicht 1 : 1 auf Gebäude übertragen werden.

Bohrmehl wird nicht nur durch die Larven selbst aus den Fraßgängen hinausbefördert, sondern kann auch durch Erschütterungen oder Bewegung von kleinen Wirbeltieren oder anderen Insekten herausrieseln. Wenn Bohrmehl aufgefunden wird, so ist dieses zumeist von natürlichen Feinden (Prädatoren), aus den Fraßgängen gewühlt worden. Prädatoren sind oft Vollinsekten oder auch Insektenlarven. Auf der Jagd schieben sie das Bohrmehl aus dem Holz, so dass sich kleine Häufchen bilden (Abb. 16). Um von einer Larve eines holzzerstörenden Insekts zur anderen zu kommen, verlassen die räuberischen Larven auch das Holz. Dabei zerwühlen sie das ausgeworfene Bohrmehl auf prägnante Weise (Abb. 16). Typische Feinde des Gescheckten Nagekäfers sind der Hausbuntkäfer (*Opilo domesticus* (Sturm)) und der Blaue Fellkäfer (*Korynetes caeruleus* (De Geer); Abb. 24). Ihre länglichen Larven jagen die Larven des Gescheckten Nagekäfers und anderer Nagekäfer im Holz, während die adulten Tiere über die ausgeschlüpften holzzerstörenden Nagekäfer herfallen und sie fressen (BECKER, 1953; NOLDT, 2007).

5 Holzschäden an Eiche und anderen Hölzern

Der Gescheckte Nagekäfer befällt oft Eichenholz, besonders alte Hölzer sind gefährdet (FINDLAY, 1967). Dabei werden von RIDOUT (2000) zwei Schadensarten unterschieden: 1. Splintholz-Befall (Abb. 4, Abb. 19 und Abb. 27) und 2. Kernholz-Befall (Abb. 28). Bisher fehlen jedoch Befunde, dass der Gescheckte Nagekäfer völlig intaktes Eichen-Kernholz besiedeln kann. In scheinbar nagelfestem lebend-befallenem Holz ließ sich immer zumindest eine initiale Fäule nachweisen (siehe auch FISHER, 1941), ggf. auch

„nur“ eine Moderfäule (Abb. 19 und Abb. 22). Typisch aber sind Schäden an deutlich pilzbefallenem Holz (Abb. 10). Die Insekten-Schäden sind oft scharf begrenzt und enden zusammen mit dem Fäule-Schaden (Abb. 28 und Abb. 30). Zu diesem Schluss kommen auch BLETCHLY (1965) und RIDOUT (2000). Auch GROSSER (1985) notiert: „Junge Larven sind dagegen nicht kräftig genug, in normales, gesundes Holz einzudringen.“ HICKIN (1964) schreibt, dass der Gescheckte Nagekäfer Laubhölzer befällt und dort anzutreffen ist, wo Pilzbefall vorliegt oder stattfindet. Klarer formuliert es CYMOREK (1984): „Ein Pilzbefall ist für das Eindringen der auffällig kleinen, zarten Eilarven erforderlich und fördert die Larvenentwicklung sehr“. In kleinen, unscheinbaren Fäule-Stellen im ansonsten gesunden Holz können kleine Larven nachgewiesen werden (Abb. 23). Aber werden gesunde Holzteile in der Nähe von faulen Bereichen angegriffen, sind es größere Larven (Abb. 22). Dies stellt auch CYMOREK (1984) fest. Offen bleibt dabei die weiter zu untersuchende Frage, ob sich diese Larven vollständig entwickeln können. Der Gescheckte Nagekäfer ist in der Lage, nur schwach fäulegeschädigtes Nadelholz zu besiedeln und zu zerstören (Abb. 20 und Abb. 21; BECKER, 1950; WEIDNER, 1993). Auch hier wird das Splintholz bevorzugt (Abb. 25 und Abb. 27) und nur faules Kernholz angegriffen (Abb. 28). FISHER (1941) wies allerdings einen Zusammenhang zwischen dem Holzabbaugrad und der Larvenentwicklungszeit nach: Je stärker der pilzliche Holzabbau, desto schneller war die Larvenentwicklung.

Abb. 20: Treppenaufgang mit einer Stufe aus Nadelholz, die einen Schaden durch den Gescheckten Nagekäfer aufweist. Eckbild: Detail der Ausschlupflöcher.

Abb. 21: Ausschlupflöcher des Gewöhnlichen Nagekäfers (kleine Löcher) und des Gescheckten Nagekäfers (große Löcher) nebeneinander. Nur der Gescheckte Nagekäfer ist bei Eichenholz auf einen Pilzbefall angewiesen, zumindest als junge Larve. Ob das auch für das gezeigte Nadelholz gilt, ist unklar.

In der Kirche in Probsteierhagen ergab sich Folgendes: An faulen Balkenköpfen aus Kiefer und Eiche mit *Xestobium*-Befall stellt sich oft ein Befalls-Gradient ein: Dieser Befall ist außen an den faulen Bereichen am stärksten, wird nach innen immer schwächer und endet schließlich. Ein zweiter, oft halbkreisförmiger Befallsherd ergibt sich z. T. in alten faulen Holzschwellen (Abb. 30). Dabei bleiben die Ober- und Seitenflächen dem Augenschein nach ohne Schaden, abgesehen von Ausschlupflöchern. Nur die Auflagerfläche weist massive Schäden auf. Einige Schadstellen blieben rätselhaft (Abb. 20), viele andere sind typisch (u. a. Abb. 4, Abb. 19, Abb. 25 und Abb. 30).

Pilzart/Gruppe	**Anzahl**
Moderfäulepilze (Ascomyceten)	59
Brauner Kellerschwamm (*Coniophora puteana* (Schum.: Fr.) P. Karst)	31
Ausgebreiter Hausporling (*Donkioporia expansa* (Desm.) Kot. & Pouz.)	19
Braunfäuletrameten/Porenschwämme (Antrodia spp.)	11
Bakterien (Abbaubilder, die für Bakterienfäulen typisch sind)	6
Echter Hausschwamm (*Serpula lacrymans*)	4
Stachelsporling (Trechispora spp.)	3
Harz-Rindenpilz (*Resinicium bicolor* (Alb. & Schwein.: Fr.) Parm)	2
Saftporlinge (Oligoporus spp.)	2
Eichenwirrling (*Daedalea quercina* (L.: Fr.) Fr.)	1
Gelber Porenschwamm/Braunfäuletramete (*Antrodia xantha*)	1
Rindenpilz (Hyphodontia/Hyphoderma spp.)	1
Zystidenrindenpilz (Phanerochaete spp.)	1
Tramete (Trametes spp.)	1
Wilder Hausschwamm (*Serpula himantioides* (Fr.: Fr.) P. Karst.)	1
Tintling (*Coprinus* spp.)	1
Braunfäule-Erreger	5
Weißfäule-Erreger	3
ohne erkennbaren Fäuleschaden	5

Tab. 3: Gescheckter Nagekäfer als Begleiter von holzzerstörenden Pilzen (ausgewertet wurden 157 Fäule-Schäden; Doppelbefall möglich).

Abb. 22: Dem ersten Augenschein nach gesundes Eichenkernholz mit Trockenrissen aus einem Kirchturm in Süddeutschland: Kleinräumiger Kombinationsbefall in den eingeschlossenen Holzrissen und in den ersten 25 Jahrringen.

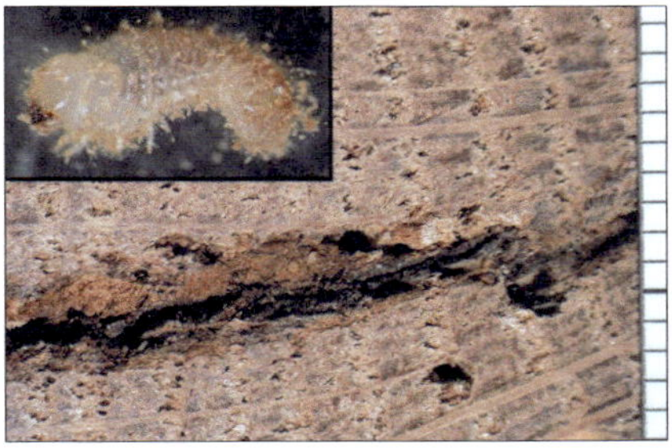

Abb. 23: Detail von Abb. 22: Fäule und Insektenbefall in den eingeschlossenen Holzrissen/-spalten: Jüngere Larven des Gescheckten Nagekäfers fressen in den stärker mit Moderfäulepilzen und Bakterien befallenen Bereichen; Millimeter-Skala; Eckbild: junge Larve, ca. 4 mm lang.

Abb. 24: *Blauer Fellkäfer (Korynetes caeruleus) aus einer Klebefalle; ca. 5 mm lang. Typisch ist das metallisch glänzende Blau; Maßstab mit Millimetern.*

Abb. 25: *Typischer Kombinationsschaden: Weißfäule-Erreger und Gescheckter Nagekäfer an einem Streichbalken aus Eiche.*

Bei einem Abbaugrad von 18 % Masseverlust durch den Ausgebreiteten Hausporling (*Donkioporia expansa*) ergaben sich im Laborversuch rund 50 Monate Entwicklungszeit (von der Ei-Larve bis zum Vollinsekt), bei 73 % Masseverlust hingegen nur 12 Monate. Splintholzanteile werden bevorzugt angegriffen (Abb. 4 und Abb. 19; LANGENDORF, 1988; UNGER, 1990). RIDOUT (2000) begründet dies mit dem höheren Nährstoffgehalt des Splintholzes. Faule Kernhölzer werden vergleichbar stark wie Splinthölzer angegriffen. Es findet eine selektive Zerstörung statt (Abb. 5). Diese konnten wir in den Untersuchungen ebenfalls feststellen. Auch Früh- und Spätholz werden in unterschiedlichem Maß zerstört, das weichere Frühholz stärker (VITÉ, 1952). Es ergibt sich ein schwammähnliches Befallsbild, bei dem die Spätholz- oder Frühholz-Lamellen stehen bleiben (Abb. 12 und Abb. 19). Zudem gibt HICKIN (1963) an, dass zumindest gesundes Weidenholz angegriffen werden kann, wenn auch nur sehr langsam. Dabei war die Larven-Etablierung selten und die meisten Ei-Larven starben. Nach rund 9 Jahren Entwicklung fanden sich Larven von nur 3 mm Länge (HICKIN, 1963). Zu einer anderen Einschätzung kommt KÖNIG (1957): „Die Art ist aber nicht auf pilzbefallenes Holz angewiesen; vielmehr kann die Entwicklung auch in gesundem Holz erfolgen". Andere Autoren geben an, dass zumindest die Ei-Larven pilzbefallenes Holz benötigen und sich erst ältere Larven im gesunden Holz entwickeln können (z. B. VITÉ, 1952; SUTTER, 1997). Zumindest bevorzugen die Weibchen für die Ei-Ablage im Wahlversuch altes Eichenholz bzw. faules Holz (BELMAIN et al., 1998; HAUSTEIN et al., 2010).

Unseres Erachtens zerstört der Gescheckte Nagekäfer gesundes Holz, aber immer ausgehend von faulem Holz, ggf. kleinräumig (Abb. 22). Im Splintholz mag dies anders sein (Abb. 19). Maßgeblich für eine erfolgreiche Entwicklung scheinen auch die mechanischen Eigenschaften des Holzes zu sein: Gesundes, trockenes Eichenholz ist für die Larven zu fest, als dass es durch die Mandibeln zernagt werden kann. Wenn die Hölzer jedoch nass sind, vermindern sich die mechanischen Eigenschaften (KOLLMANN, 1951).

Die Käfer sind „ortstreu" und verbleiben über viele Generationen hinweg im gleichen Holz bis zu dessen vollständiger Zerstörung (KEMPE, 2009). Das Bohrmehl des Gescheckten Nagekäfers besteht aus meist holzfarbenem, auch nachgedunkeltem Genagsel und meist ebensolchen diskus- oder linsenförmigen Kotpartikeln (Abb. 26).

Abb. 26: Bohrmehl des Gescheckten Nagekäfers: Kotpartikel sind typisch diskus- oder linsenförmig.

Finden sich helle Kotpartikel im ansonsten dunklen Bohrmehl, so liegt noch Lebendbefall vor; sind alle Bohrmehl-Teilchen dunkel, so ist dieser Schluss nur aus zusätzlichen Befallscharakteristika zu ziehen (NOLDT, 2014). Die Größe ist je nach Alter der Käfer-Larven etwas unterschiedlich (Abb. 36; HICKIN, 1963).

Die Schäden durch den Gescheckten Nagekäfer können bei flüchtiger Betrachtung mit denen von einigen Bienen- bzw. Wespenarten (*Crabro*/*Megachile* spp.) verwechselt werden, unter Umständen auch mit Holzschäden, die durch die Larven des Weichen Nagekäfers (*Ernobius mollis* (L.)) oder von Speckkäfern (*Dermestes* spp.) verursacht worden sind. Fraßschäden durch den Weichen Nagekäfer können durch die Rindenteile im Bohrmehl abgegrenzt werden. Die Speckkäfer-Schäden bleiben i. d. R. oberflächlich.

Abb. 27: Nadelholzbalken mit Moderfäule im Splintholz: Nur dieser Teil wurde vom Gescheckten Nagekäfer besiedelt. Eckbild: Detail vom Splint-Kernholz-Übergang; außen verbleibt eine intakte Holzschicht; Kernholz intakt.

Abb. 28: Nadelholzbalken mit Braunfäule im Splint- und Kernholz: Nur die faulen Teile wurden vom Gescheckten Nagekäfer besiedelt.

Abb. 29: Balkenkopf Nr. 9: Befall mit Echtem Hausschwamm mit sehr wenig Befall des Gescheckten Nagekäfers. Entfernung zum Moderfäule-Schaden von Abb. 30: wenige Meter.

Abb. 30: Nadelholz-Schwelle: Befall mit Moderfäule und Gescheckten Nagekäfer. Entfernung zum Hausschwammschaden: wenige Meter.

Das benagte Holz zeigt oft unregelmäßige Gänge von 0,2 bis 3 mm Durchmesser (Abb. 19 und 36). Die Fraßschäden finden sich i. d. R. im Frühholz[7], aber das Spätholz wird durchbrochen. Die Larven verursachen keinen Platzfraß, da sie sich vorwärts wie rückwärts in den Fraßgängen bewegen. Die Ausschlupflöcher sind rund bis etwas oval, 2 bis 3,2 mm im Durchmesser und haben meist einen „fast" glatten Rand (Abb. 39). Ein Doppelbefall mit Rüsselkäfern oder Gewöhnlichen Nagekäfern kommt vor. In Gebäuden wird der Gescheckte Nagekäfer am häufigsten von Moderfäulepilzen begleitet, gefolgt vom Braunen Kellerschwamm und dem Ausgebreiteten Hausporling (Tab. 3). Besonders die Insektenschäden in Verbindung mit Moderfäulepilzen sind ohne eine mikroskopische Untersuchung kaum zu sehen, solange der Abbaugrad des Holzes noch schwach bis mittel ist. Einfacher sind die Kombinationen von Gescheckten Nagekäfer und Echtem Hausschwamm (Abb. 29), Braunem Kellerschwamm oder Ausgebreitetem Hausporling erkennbar. Der Ausgebreitete Hausporling baut Holz in frühen Phasen der Entwicklung oft ungleichmäßig stark ab, so dass fast gesundes neben völlig zerstörtem Holz liegt. Beim Kellerschwammbefall werden oft braune Holzverfärbungen sichtbar. Insgesamt ist der Gescheckte Nagekäfer nicht wählerisch, er kann in Kombination mit zahlreichen Pilzpartnern auftreten, egal ob Braun-, Moder- oder Weißfäule-Erregern. Auch bei den pilzlichen Doppelbefällen im Zusammenhang mit Gescheckten Nagekäfer waren meist Moderfäulepilze beteiligt. Dabei waren Moderfäulepilze oft als Randschäden zu finden, tiefer im Holz waren es Braun- und Weißfäule-Erreger. Es traten aber auch gemischte Doppelbefälle auf: Die häufigste Kombination waren Moderfäulepilze zusammen mit dem Kellerschwamm.

Auffällig bei unseren Untersuchungen waren einige verdeckte Fäule-Bereiche mit Gelbem Porenschwamm//Braunfäuletramete bzw. Echtem Hausschwamm (Abb. 29), die trotz räumlicher Nähe zu einem Lebendbefall mit dem Gescheckten Nagekäfer keine Larvengänge enthielten, abgesehen von alten Gängen im Splintholz. Hier vermuten wir, dass die Innenfäule für die legebereiten Weibchen nicht auffindbar bzw. erreichbar war. Die kleinen Larven gelangen nicht ins faule Holz, weil die äußeren intakten Holzschichten zu fest sind.

7 Bei einem Moderfäulepilz-Befall wird hingegen das Spätholz vermehrt angegriffen.

6 Klassische Insekten-Bekämpfung nach Norm und Holzschutz

Die Sanierung ist i. d. R. nach DIN 68800-4 zu planen und auszuführen. Bei der Bekämpfung von Lebendbefall muss die Wertigkeit der Schutzziele geachtet werden. Es gilt (absteigend):

1. Gefahr für Menschen,
2. Umweltschutz (z. B. Fledermaus- und Vogelschutz),
3. Denkmalschutz (Details in den entsprechenden Gesetzen).

In der Kirche in Probsteierhagen wurden Fledermäuse (Braunes Langohr – *Plecotus auritus*) im Glockenstuhl gefunden. Alle Fledermausarten sind in Deutschland gesetzlich geschützt (Bundesartenschutzgesetz). Auf ihre Kinder-Stuben, Winterruhe- oder Schlafplätze ist bei den Baumaßmahnen achtzugeben. Bei der hier anliegenden Turmsanierung muss auf die Tiere Rücksicht genommen werden.

Unterschieden wird dabei in der DIN 68800-4 zwischen Insekten-Schaden (Altschaden ohne lebende Larven) und Insekten-Befall (Lebendbefall). Nur ein Lebendbefall muss i. d. R. bekämpft werden. Die Holzschäden bei Altschäden sind hingegen „nur" statisch zu überprüfen; ggf. muss die Konstruktion ertüchtigt werden. Bewegliche Objekte können auch in Thermokammern behandelt werden (NOLDT/NIEDERFEILNER, 2007). Nach RIDOUT (2000) wird gesundes Splintholz angegriffen und zerstört, daher ist es zu vermeiden. Deshalb müssen neu verbaute Hölzer im Befallsbereich frei von Splintholz sein (Null-Prozent). Auch RIDOUT (2001) fordert die Minimierung von Splintholz und weist auch auf verminderte Dauerhaftigkeit von juvenilem Eichenholz hin (= herzfreies Holz). Vor dem Einsatz von chemischen Holzschutzmitteln mit schneller[8] Wirksamkeit sollte eine Testfläche von einem Sachverständigen angelegt werden, um zu prüfen, ob das jeweilige Mittel in der jeweiligen Konzentration und im gewählten Umfeld wirksam ist, da es für den Gescheckten Nagekäfer in der Entwicklung von Holzschutzmitteln keine Prüfverfahren gibt und die Larven vergleichsweise widerstandsfähig gegenüber vielen Holzschutzmitteln sind. In der Kirche in Probsteierhagen wurden Messwerte von bis zu 850 mg/kg Pentachlorphenol und 11 mg/kg Lindan am umliegenden Holz ermittelt, ohne dass der Lebendbefall mit dem Gescheckten Nagekäfer erloschen wäre. Der im selben Holz befindliche Schaden durch den Gewöhnlichen Nagekäfer war im Gegensatz zum *Xestobium*-Befall erloschen. Hölzer, die mit gut ins Holz penetrierenden Wirkstoffen im Tränkverfahren mit Packern geschützt wurden (Bohrpräparat), zeigen noch nach sieben Jahren einen nachgewiesenen *Xestobium*-Befall (Abb. 31). Lebende Larven wurden direkt neben den Packern nachgewiesen (Abb. 33). Die Querschnitte der Schutzmitteleindringung wurden ermittelt, siehe Abb. 32. Der Hintergrund hierzu ist, dass der Gescheckte Nagekäfer kein Norm-Prüfinsekt für die Holzschutzmittel-Hersteller ist. Das Phänomen, dass klassische Holzschutzmittel nicht zufriedenstellend wirken, beschreibt auch COLEMAN (2001). Er berichtet zudem, dass auch Begasungen fehlschlagen können und es nur zu einer Käfer-Reduktion kommt.

---

8 Bei Wirkstoffen mit verzögerter Wirkung würde diese Vorgehensweise zu lange dauern.

Abb. 31: Holzschutz am Eichensparren: Der Abstand der Packer ist zu groß; die Menge des vergällten Holzes zu klein.

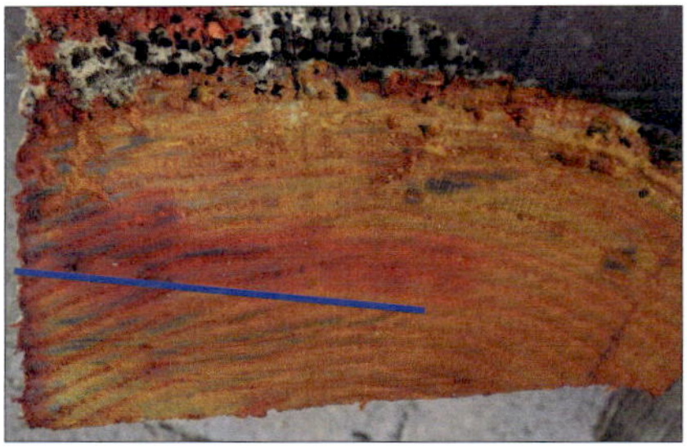

Abb. 32: Nachweis der Borverteilung mit Kurkuma-Indikator[9]: Lage des Bohrkanals (blaue Linie, Entfernung zum Bohrkanal axial ca. 3,5 cm). Satt rot = Bornachweis, orange = kein Nachweis. Unterseitig lag Schalung an; dort wurde wenig bis kein Bor nachgewiesen. Die anderen Seiten weisen einen Randschutz mit Bor auf, dieser ist unterschiedlich tief.

Abb. 33: Abschnitte eines Sparrens: Untersuchte Probenteile zum direkten Nachweis von Larven. In der Umgebung der Packer wurden lebende Larven nachgewiesen. Maßstab: Der Packer-Kopf ist 1,1 cm breit.

6.1 Nachweis von Schäden und Lebendbefall

Die Schadenszuordnung erfolgt durch den Nachweis der linsenförmigen Kotpartikel (Abb. 36) sowie der charakteristischen schwammartigen Zerstörung des Holzes (Abb. 19 und Abb. 27), der Aktivitätsnachweis durch den Nachweis von Larven oder Käfern im Gebäude, z. B. durch ein Monitoring. Die Farbe des Bohrmehls alleine ist kein sicherer Nachweis für einen Lebendbefall (s. o.). Auch Käferfunde können älter sein (Abb. 34).

---

9 Die Nachweisgrenze des Kurkuma-Indikators liegt bei 3 kg Bor je m³ Holz. Methodenbeschreibung und chemischer Hintergrund siehe THEDEN/KOTTLORS (1965)

Abb. 34: Zusammengefegte Reste eines Auflagerfeldes; Käfer und Käferteile isoliert und etwas gereinigt, die Verstaubungen zeigen an, dass es sich um ältere Käferreste des Gescheckten Nagekäfers handelt.

6.2 Vitalitätsnachweis mit Monitoring

Das Monitoring in Deutschland gründet sich u. a. auf die Publikationen von BERG/LAAR (2005), NOLDT (2003), NOLDT/MICHELS (2007) und RIDOUT (2000). Gut anwenden lassen sich mit Kükenzaundraht abgedeckte[10] Klebefallen, mit Aurum-Leim bestrichen, sowie einfache Abklebungen mit Packpapier, die mit Stärkekleber (Tylose-Leim) an den Hölzern befestig werden. In Sonderfällen können Spezialpapiere zum Einsatz kommen, wenn ein Befallsverdacht an Kunstwerken im öffentlichen Bereich der Kirche besteht: Ein Beispiel sind Teebeutelpapiere und PET-Folie (WAENTIG/KRUPA, 2007). Die Klebefallen werden jedes Jahr neu ausgelegt. Im Labor erfolgt die Auswertung unter Auflichtmikroskop und Lupe; arretierte Käfer werden gezählt und bestimmt (Tab. 6). Die Abklebungen werden vor Ort untersucht, die Ausschlupflöcher mit farbigen Klebepunkten markiert und können so viele Jahre im Einsatz bleiben (Abb. 35 und Abb. 39). Die wenig aufwendigen Abklebungen können genutzt werden, um Befallsschwerpunkte von holzzerstörenden Insekten einzugrenzen, Klebefallen dienen der Erfassung des Artenspektrums. Bei den Klebefallen erwiesen sich schwarze Pappen als Träger für den Leim gegenüber weißen als besser geeignet. Die Lage war entscheidend für den Erfolg. Schon bei Abweichungen von 1 bis 2 Meter zur einen oder anderen Seite ergaben sich deutliche Unterschiede in den Fangzahlen. Beste Ergebnisse ergaben sich direkt unter befallenen Bauteilen. In dem untersuchten Gebäude erwiesen sich die Käfer als bewegungsfaul. Nicht bewährt haben sich Insektenleimringe, wie sie im Obstanbau verwendet werden. An ihnen wurden kaum Käfer gefangen (Abb. 38). Der Gescheckte Nagekäfer scheint hiernach kaum an den Sparren entlang zu klettern.

10 Die Abdeckung erfolgte, damit sich nicht Vögel und Kleinsäuger in den Fallen verkleben und elendig sterben. Sie kann auch mit stabilen, feinmaschigen Plastiknetzen erfolgen.

Abb. 35: Käfer schaut aus einem Balken hervor. Der Balken ist für ein Monitoring abgeklebt, der Käfer hat sich durch das Papier gefressen. Eckbild: Käfer auf einer Klebefalle.

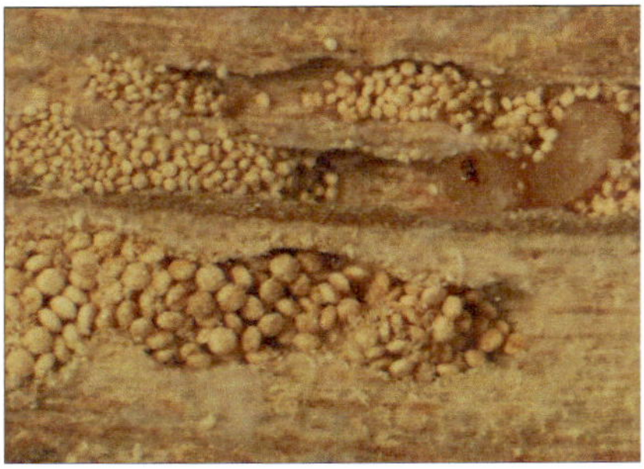

Abb. 36: Kotpartikel des Gescheckten Nagekäfers und Larve unter Glas: Unterschiedlich große diskus- bzw. linsenförmige Kotpartikel aus einem Fraßgang. Die Kotpartikel-Größe ist abhängig von der Larvengröße; Maßstab: Kotpartikel ca. 0,1 bis 0,25 mm groß.

Abb. 37: Ausbeute des Fanges einer Klebefläche; Käfer vergleichsweise gleichmäßig groß. Neben den Gescheckten Nagekäfern wurden sechs Blaue Fellkäfer und Gemeine Pelzkäfer gefangen.

Abb. 38: Ausbeute des Fanges einer Klebefläche; die Käfer sind ungleichmäßig groß; Eckbild: einer der wenigen gefangenen Käfer an den Leimringfallen; es wirkt, als sei der Käfer dagegen gefallen, ggf. gesprungen.

6.3 Ergebnisse des Monitorings nach fünf Jahren

Das Monitoring ergab, dass die Intensität des Befalls mit Gescheckem Nagekäfer von Bauteil zu Bauteil sehr unterschiedlich ist. Sogar an einem einzigen Bauteil kann sich der Lebendbefall von einem auf den anderen laufenden Meter Balken ändern. Bauteile mit und ohne Lebendbefall liegen nebeneinander. Im Kirchenschiff wurden vier Höhenbereiche auf der Nordseite untersucht: Im First konnte trotz Ausschlupflöchern kein Lebendbefall nachgewiesen werden. Hier war es mutmaßlich zu warm. Auf halber Länge der Sparren, ca. 4 bis 5 m hoch über den Deckenbalken ergab sich ein schwacher Lebendbefall an fast allen für das Monitoring ausgesuchten Sparren. An diesen Bauteilen konnte – dem Augenschein nach – kein direkter Fäule-Schaden nachgewiesen werden. Hier besteht noch Forschungsbedarf! Der untere Abschnitt wurde in zwei Zonen geteilt: 0 bis 1,5 m und 1,5 bis 3 m hoch. Der Bereich bis 3 m zeigte kaum Lebendbefall, hingegen der Bereich bis 1,5 m einen zwar niedrigen, aber den größten

Lebendbefall im Schiff. An den Sparrenfüßen und Balkenköpfen wurden die massivsten Fäule-Schäden nachgewiesen (Abb. 10 und Abb. 29). Dabei korrespondieren die an den Sparrenfüßen nachgewiesenen Fäuleschäden mit den Ausschlupf-Nachweisen der Abklebungen. Die Sparrenfüße 4, 8 und 11 zeigten neue Ausschlupflöcher in den Abklebungen und Fäule, nicht aber die Sparrenfüße 6 und 7 (Tab. 4). Dies sind Indizien dafür, dass der Gescheckte Nagekäfer nur faules Eichenkernholz angreifen kann. Nach den bisher vorliegenden Ergebnissen scheint der Gescheckte Nagekäfer völlig zerstörte Hölzer zu meiden, Schäden durch ihn fanden sich in der initialen bis mittleren Abbauphase (Vermorschungsphase). Rüsselkäfer finden sich oft im final zerstörten Holz. Hier sind weitere Laboruntersuchungen nötig, da die Befallsreihenfolge nicht immer geklärt werden kann.

Daneben wurde in der angebauten Gruft im Erdgeschoss ein Befallsschwerpunkt nachgewiesen. An einem Sarg zeigte sich ein massiver Lebendbefall durch den Gescheckten Nagekäfer (Tab. 6). Trotzdem fanden sich im benachbarten Kirchenraum kaum Käfer in den Klebefallen (ca. 10 und 20 m entfernt und durch eine Tür mit breitem Bodenspalt getrennt). Dies ist ein Hinweis auf die Ortstreue des Gescheckten Nagekäfers.

Im angrenzenden, zur Sanierung anstehende Turm liegt eine andere Situation vor: Hier liegen Bauteile mit massivem Lebendbefall und Bauteile mit schwachem oder ohne Befall nebeneinander. Die Befallsorte sind z. T. typisch, also Streichbalken mit Fäule-Schäden an der Wandseite und dazu passendem dichten Besatz mit Larven des Gescheckten Nagekäfers (Abb. 25). Es liegen aber auch drei abweichende Befallsorte im Turm vor. Hinweis: Normalerweise werden vierseitig luftumspülte Bauteile in einem geschlossenen, trockenen Gebäude nicht vom Gescheckten Nagekäfer befallen. Hier gab es Ausnahmen, denn: Einige Balken, die vierseitig luftumspült sind und keine sichtbaren Feuchteschäden haben, aber doch einen deutlichen bis massiven Lebendbefall mit Gescheckten Nagekäfer aufweisen, bleiben rätselhaft (Abb. 39). Jedoch zeigt sich häufig, dass in Jahrhunderte alten Gebäuden immer wieder an Stellen Wasser eindringt, an denen kaum damit zu rechnen ist (Abb. 40) und sich so an ungewöhnlichen Bauteilen teilweise zumindest eine schwache bis massive Innenfäule verbirgt. Zudem ist die Luftfeuchte und damit die korrespondierende Holzfeuchte im Kirchturm höher als im Kirchenschiff, da es hier vermehrt an Durchlüftung mangelt[11]. Solche Mängel sollen in einem nächsten Bauabschnitt beseitigt werden. Hier besteht noch Forschungsbedarf.

Abb. 39: Lebendbefall mit Gescheckten Nagekäfer: Insekten-Abklebungen des Monitorings an einem historischen Glockenstuhl mit viel Befall. Eckbild: Bei den Kontrollen werden Ausschlupflöcher geschlossen, aber zuweilen vom nächsten Käfer wieder durchfressen.

11 Damit ergeben sich Bedingungen, wie sie für unbeheizte Gebäude in Freilichtmuseen oder Mühlen typisch sind. Freistehende Bauteile aus Eichenkernholz wurden z. B. in den Freilichtmuseen Detmold und Molfsee (bei Kiel) befallen.

6.4 Alternative Möglichkeit zur Bekämpfung

Es besteht die Hoffnung, dass der Insektenbefall durch die konsequente Minimierung von pilzbefallenen Bauteilen bzw. gezielte Behandlung einzelner kulturhistorisch wertvoller Hölzer mit Lebendbefall zurückgedrängt werden kann. Hier muss entschieden werden, ob ein schwacher Insektenbefall an einzelnen Balken in Kauf genommen oder ob eine Null-Larven-Strategie angesetzt wird. Dabei ist wichtig zu wissen, dass einige Balken auch keinen sichtbaren Befall zeigen, hier stehen noch Untersuchungen aus. Bei dem kulturhistorisch wertvollen Glockenstuhl (Abb. 41) besteht die Möglichkeit einer Heißluft-, feuchte-regulierten Warmluft-, Mikrowellen- und/oder Heizdeckenbehandlung oder einer längerfristig durchgeführten Trocknung.

Unserer Ansicht nach ergibt sich durch die Entfernung von faulem Holz die Chance, einen Lebendbefall zurückzudrängen. Verpflichtend ist dann aber eine ausreichende Wartung und Pflege des Gebäudes über Jahre hinweg. Denn gerade im gesunden Holz scheinen die Larven nach den Daten von Fisher (in Hickin, 1963) lange zu fressen, ohne dass sie stark wachsen. Idealerweise sterben sie langfristig ab, dies soll weiter untersucht werden.

Kontroll-Termine	**2015**	**15.04.16**	**21.05.16**	**29.06.16**	**22.04.17**	**05.07.17**	**26.04.18**	**04.07.18**	**28.03.19**	**22.05.19**	**23.06.19**
Turm 1, Anschluss; Zwiebel	6	0	1	2	4	1	5	0	3	0	2
Turm 2, Bodenbalken (Folie)	0	0	0	0	0	0	0	0	0	0	0
Turm 3; Strebe; Zwiebel, Mitte		0	0	0	0	0	0	0	0	0	0
Turm 4; Bodenbalken; Zwiebel		0	0	0	0	0	0	0	0	0	0
Turm 5; Deckenbalken; Zwiebel, oben		0	0	0	0	0	0	0	0	0	0
Turm, Luftmaschine 1, Süd, Schiffseite		2	1	0	1	0	5	0	1	0	0
Turm, Luftmaschine 1, Süd, Turmseite				2	1	0	3	0	1	2	0
Turm, Luftmaschine 2, Süd, Streichb.		13	10	1	15	7	22	0	3	15	0
Turm, Luftmaschine 3, West, Streichb.					0	0	0	3	0	3	0
Turm, Balken in Luftmaschine, Nord							6	1	1	4	0
Turm, GT1 Glockenstuhl, Nord, Mitte		12	21	0	26	4	16	3	2	15	0
Turm, GT2 Glockenstuhl			1	0	1	0	0	0	0	0	0
Turm, GT3 Glockenstuhl			2	1	1	1	2	0	1	1	0
Turm, GT4 Glockenstuhl					0	0	5	1	0	2	0
Turm, GT5 Glockenstuhl; Boden, Mitte					0	1	3	0	1	2	0
Anzahl Ausschlupflöcher	6	27	36	6	49	14	67	8	13	44	2
Ausschlupflöcher je Jahr	**6**			**69**		**63**		**75**			**59**

Tab. 4: Abklebungen: Ausschlupfloch-Zahl des Gescheckten Nagekäfers (Turm-Nordseite)

Kontroll-Termine	2015	15.04.16	21.05.16	29.06.16	22.04.17	05.07.17	26.04.18	04.07.18	28.03.19	22.05.19	23.06.19
10 Z - Zange		0	0	0	0	4	1	0	0	1	0
N4 unten		0	0	1	1	5	2	6	0	0	0
N6 unten m	0	0	0	0	0	0	0	0	0	0	0
N7 unten m	0	0	0	0	0	0	0	0	0	0	0
N8 unten	2	0	3	0	3	2	0	0	0	0	1
N11 unten	1	0	0	0	0	0	2	0	0	0	0
N11 unten m		0	6	0	1	1	1	1	0	1	0
N12 unten	1	0	2	0	0	0	0	0	3	2	0
N12 unten m		0	0	0	0	0	0	0	0	0	0
N3 Mitte		0	0	0	0	0	0	0	0	0	0
N8 Mitte	1	0	2	0	3	1	4	1	0	0	0
N10 Mitte		0	0	0	2	0	2	0	0	1	0
N11 Mitte	2	0	3	0	1	0	5	0	0	1	0
N12 Mitte		0	2	0	1	0	2	0	0	2	0
N8 oben	0	0	0	0	0	0	0	0	0	0	0
N11 oben	0	0	0	0	0	0	0	0	0	0	0
Summen im Schiff	**8**	**0**	**18**	**1**	**12**	**13**	**19**	**8**	**3**	**8**	**1**
Ausschlupflöcher je Jahr	**8**			**19**		**25**		**27**			**12**

Tab. 5: Abklebungen: Ausschlupfloch-Zahl des Gescheckten Nagekäfers (Schiff)

Aufbau	**15.02.2015**	**16.03.2016**	**15.02.2017**	**07.03.2018**	**20.02.2019**
Abbau und Auswertung	**01.07.2015**	**29.06.2016**	**05.07.2017**	**03.07.2018**	**22.05.2019**
Gruft unter einem Sarg			55		27
unter Kanzel, weiß	2	0	nw		
unter Kanzel		2	1	1	0
vor Winterkirche (unter Putzschaden)	2	0	1	0	0
Turmaufgang unter Treppe				8	4
Turmaufgang oben, weiß	6	17	13	9	11
Turmaufgang unten, weiß	5	6	2	4	2
Raum bei Laugenmaschine		27	14	37	21
in der Balganlage der Orgel (Nordost)				9	6
Glockenraum 1 (Ost)		1	13	4	7
Glockenraum 2 (West)				23	11
Orgelempore, weiß	0	nw			
Fenster Altar-Raum, weiß	0	nw			
Summen	14	53	99	95	62
Jahr	**2015**	**2016**	**2017**	**2018**	**2019**
Summe gesamt (mit Gruft)			**99**		**62**
Summe gesamt (ohne Gruft)	**14**	**53**	**44**	**95**	**35**

Tab. 6: Klebefallen in der Kirche: Anzahl der Geschecken Nagekäfer

Abb. 40: Ungewöhnlicher Wassereintritt: Das Wasser tritt bei ungünstiger Windrichtung an den Schalungskanten am Lukenkasten auf der Innenseite aus (blauer Pfeil), wobei die Schalung kaum Wasserflecken zeigt. Die Hölzer des Lukenkastens zeigen oben schon kleine Fäule-Schäden (roter Pfeil).

Abb. 41: Historischer Glockenstuhl mit Lebendbefall durch Gescheckten Nagekäfer an einigen Balken. Für die große Glocke wurde ca. 1955 am Glockenstuhl Aussparungen vorgenommen, hier wurden Fraßgänge angeschnitten (Pfeile).

7 Klassifizierung des Gescheckten Nagekäfers

Für die Regel-Sanierung ist die Einordnung des Gescheckten Nagekäfers in einer der Befallsklassifizierungen i. d. R. unerheblich, da sich die Sanierung nach dem begleitenden Fäulepilz richtet (GRAßMANN et al., 2017). Deshalb ist die Diskussion zu diesem Thema zuweilen ein wenig übertrieben. FLOHR (2018) beschreibt Schäden durch den Gescheckten Nagekäfer im Doppelbefall mit Ausgebreitetem Hausporling, Kellerschwamm oder Hausschwamm. Dabei richtet sich die Sanierung DIN 68800-4 nach den zu beseitigenden Pilzschäden und den nötigen Sicherheitsabständen. Bei einer fachgerechten Sanierung dürfen braun- oder weißfaule Bauteile nicht belassen werden. Dann kann sich auch kein Gescheckter Nagekäfer ansiedeln. Dabei ist es unerheblich, wie alt der Pilzschaden ist, die Norm unterscheidet hier nicht.

Wenn hingegen im Denkmal abweichend von der Norm saniert werden soll, kann die Holzfeuchte unter 14 % gesenkt werden. Dabei kann ein Monitoring das Absterben des Lebendbefalls mit dem Gescheckten Nagekäfer überwachen. Im Gegensatz hierzu ist dies bei Lebendbefall von Trockenholzinsekten wie Hausbockkäfer und Gewöhnlichem Nagekäfer schwerlich möglich.

Daher ist die Klassifizierung des Gescheckten Nagekäfers als Trockenholzinsekt kaum hilfreich. Die Klassifizierungen in „Trockenholzinsekt" sollte Insekten vorbehalten bleiben, die gesundes, trockenes Holz angreifen können, wie z. B. Hausbockkäfer und Parkettkäfer (*Lyctus linearis* (Goeze)). Denn gesundes und trockenes Eichenkernholz kann der Gescheckte Nagekäfer primär nicht angreifen; uns ist kein belegter Fall bekannt.

Wir schlagen daher eine modifizierte Klassifizierung für den Gescheckten Nagekäfer in Anlehnung an VITÉ (1952) und NOLDT (2017) vor. Da er von Fäulepilzen abhängig ist, aber noch vergleichsweise trockene Hölzer angreifen kann, wäre einer Teilung der Feuchtholzinsekten in zwei Untergruppierung angemessen (Tab. 7). Begründung: Der Gescheckte Nagekäfer befällt i. d. R. Holz in der initialen bis mittleren Abbauphase (= es verbleibt oft ein fester, kaum zwischen den Fingern zerreibbarer Rest). Hingegen befallen Trotzkopf und Schwammholznagekäfer Holz in der mittleren bis finalen Abbauphase (= es verbleibt i. d. R. nur eine staubende, pulverige Masse, die sich leicht zwischen den Fingern zerreiben lässt).

Ökologische Gruppe	**Befallsobjekt und Beziehung**		**Holzzustand (bei Insektenbefall)**	**Beispiele***
Frischholz-insekten	A	gesunder lebender Baum	technisch und physiologisch unverändert	Fichtenböcke, Ambrosia-Insekten (holzbrütende Borkenkäfer, Kernholz- und Werftkäfer), Holzwespen*
	B	kränkelnder Baum oder frisch gefällter Stamm Holz, Klafterholz	Holz mechanisch und chemisch unverändert	Holzwespen*, Scheibenbockkäfer und Weicher Nagekäfer
Trockenholz-insekten	C	trocknendes oder trockenes (teil-) und unberindetes Holz	Holz fest, wenig frisch bis trocken	Hausbockkäfer, Gewöhnlicher Nagekäfer und Gekämmter Nagekäfer
	D	trockenes Bauholz, Parkett, Paneele etc.	Holz fest und trocken, ohne Fäule	Holzbohrkäfer inkl. Splintholzkäfer
Feuchtholz-insekten	E	beginnende Fäulnis bis faules Holz	Holz faul, trocken (über 14 %) oder feucht	Rothalsbock, Gescheckter Nagekäfer
	F	feuchtes Holz, fortgeschrittene Fäulnis bis faules Holz	Holz weniger fest, feucht	Trotzkopf, Schwammholznagekäfer und Werftbohrkäfer*
Faulholz-insekten	G	faulendes Holz	Holz in Zersetzung feucht bis nass, Rinde abfallend	Rüsselkäfer*, Werftbohrkäfer*
	H	vermoderndes Holz	Holzsubstanz zerfallend, nass	Rüsselkäfer*, Hirschkäfer, Schröter

** Die Zuordnung ist nicht starr, es gibt Arten, die sich in zwei Gruppen einordnen lassen; so kommt es auch vor, dass Hausbockkäfer und Gewöhnlicher Nagekäfer zuweilen an moderfaulem Holz auftreten.*

Tab. 7: Übersicht der Insekten-Einteilung nach ökologischen und holzspezifischen Kriterien – verändert nach VITÉ (1952) und ergänzt mit Beispielen

8 Zusammenfassung

Die untersuchten faulen Sparrenfüße und Balkenköpfe zeigten Ausschlupflöcher des Gescheckten Nagekäfers, die Sparrenfüße ohne Fäule dagegen nicht. Es wurden keine Hinweise gefunden, dass der Gescheckte Nagekäfer einen Neubefall an gesundem Eichenkernholz verursachen kann: Zumindest am Befallsbeginn ist faules Holz für die Etablierung der Eilarve nötig. Daher sollte der Begriff Trockenholzinsekt vermieden werden, da er suggeriert, dass völlig gesundes Bauholz vom Gescheckten Nagekäfer angegriffen werden kann[12]. Die größten Zerstörungen durch den Gescheckten Nagekäfer mit vielen lebenden Larven wurden im faulen Holz und den angrenzenden zumindest initial faulen Bereichen nachgewiesen. Vom faulen Holz ausgehend ist dann die Ausbreitung von älteren Larven in festere Bereiche möglich. Diese zeigten oft einen z. T. unscheinbaren Befall mit Moderfäulepilzen. Die Larven in den festeren Bereichen waren 4 bis 11 mm lang (Eilarven sind ca. 0,6 mm lang). Die

12 NOLDT (2014, 2017) legt bei seiner nach VITÉ (1952) veränderten Einordnung der Art/Klassifizierung die Biologie aus Sicht der legebereiten Weibchen zu Grunde, nicht aber die Holzfeuchte, bei der Larven zu beiden Extremen hin nach späterer Abtrocknung bzw. nachträglicher Befeuchtung noch leben oder ggf. kurzzeitig überleben können.

Holzfeuchte in der untersuchten Kirche lag im Mittel zwischen 17 bis 19 % (aus Luftfeuchtedaten abgeleitet). Faules Holz war, soweit feststellbar, immer auch in der Nähe. In Bereichen mit Innenfäule und mutmaßlich schneller Pilzentwicklung wurden Hölzer auch ohne Insekten-Schäden festgestellt, obwohl es in der Nähe frischen Käfer-Ausschlupf gab. Gelber Porenschwamm/Braunfäuletrameten und Echter Hauschwamm waren die Pilzarten, die sich schnell ohne einhergehenden Befall von Insekten entwickelten. Die entsprechenden Bauteile wiesen ggf. nur am faulen Randbereich mit Fäule-Altschäden Insekten-Schäden in Form von Fraßgängen des Gescheckten Nagekäfers auf.

Zumindest ein Balken zeigte trotz fehlender äußerer Fäule-Merkmale einen massiven Insekten-Schaden durch den Gescheckten Nagekäfer. Hier fehlen noch Untersuchungen.

Da sich die Klassifizierung des Gescheckten Nagekäfers von Vité (1952) nicht richtig mit dem von Trotzkopf und dem Schwammholznagekäfer in Übereinstimmung bringen lässt, schlagen wir eine Untergruppierung der Feuchtholzinsekten vor (Tab. 7).

Dank

Herzlich danken möchten wir der Kirchengemeinde Probsteierhagen mit Pastor Thoböll und dem Landeskirchenamt der Nordkirche, die das Monitoring finanziert haben.
Für viele schöne Befallsstücke und Informationen danken wir zudem herzlich Frau Pia Haun (Trier) und den Herren Ulrich Arnold (Castrop-Rauxel), Sven Golling (Brühl), Andreas Hagedorn (Sulzburg), Martin Kottmeier (Hamburg), Sven Krüger (Niedernhausen), Ulf Moderer (Salzhausen), Eberhard Muny (Kornwestheim), Robert Ott (Gammertingen), Lutz Parisek (Walsdorf), Klaus Renhak (Benshausen), Frank Rinn (Heidelberg), Markus Thinius (Krefeld), Uli Thümmler (Hünfeld-Mackenzell), Dr. Bernd Wischer (Warmsroth).
Für die Durchsicht des Manuskripts danken wir Prof. Olaf Schmidt und Sylvia Huckfeldt. Die Reihe derjenigen, die uns geholfen haben, ist lang, so dass wir nicht alle nennen können. Viele haben uns dankenswerterweise Material oder Bilder aus Gebäuden gesendet.

Literatur

Anonymus (2019) (Abruf: 18.09.2019): https://www.gbif.org/species/1095664.

Berg, M.; Laar von, Claudia (2005): Holzzerstörende Insekten auf dem Vormarsch? Insekten-Monitoring in Mecklenburg-Vorpommern. Vortrag zur 33. Fachtagung Holzschutz, Rostock, am 28. Oktober 2005, 5 S.

Becker, Günter (1953): Räuber und Parasiten holzzerstörender Insekten in Gebäuden. Verhandlungen der Deutsche Gesellschaft für angewandte Entomologie e. V. auf der zwölften Mitgliederversammlung, S. 76-87.

Belmain, Steven R.; Blaney W. M.; Simmonds, M. S. J. (1998): Host selection behaviour of deathwatch beetle, *Xestobium rufovillosum*: Oviposition preference choice assays testing old vs new oak timber, *Quercus* sp. In: Entomologia Experimentalis et Applicata 89, S. 193–199.

BELMAIN, STEVEN R.; SIMMONDS, MONIQUE S. J.; BLANEY, WALTER M. (2000): Behavioral Responses of Adult Deathwatch Beetles, Xestobium rufovillosum de Geer (Coleoptera: Anobiidae), to Light and Dark. In: *Journal of Insect Behavior* 13 (1), S. 15–26.

BIRCH, MARTIN C.; KEENLYSIDE, J. J. (1991): Tapping behaviour is a rhythmic communication in the death-watch beetle, *Xestobium rufovillosum* (Coleoptera: Anobiidae). Journal of Insect Behaviour 4 (2), S. 257-263.

BLETCHLY, J. D. (1965): Aspects of the habits and nutrition of the Anobiidae with special reference to *Anobium punctatum*. Mat. Org., Beiheft 1, S. 371-381.

BRAVERY, A. F.; BERRY, R. W.; CAREY, J. K.; COOPER, D. E. (2003): Recognising wood rot and insect damage in buildings. BRE Bookshop, Garston Watford, 126 S.; S. 72.

COLEMAN, G. R. (2001): The chemical control o the deathwatch beetle. In: Ridout, B. Timber: The EC woodcare project. English Heritage Research Transactions 4; S. 51-53.

COGGINS, C. R. (1991): Growth characteristics in a building. In: Jennings, D. H.; Bravery, A. F. (Hrsg.) *Serpula lacrymans*: Fundamental biology and control strategies. Wiley Editional Offices, Chichester, S. 81-93.

CYMOREK, SIGFRIED (1984): Schadinsekten in Kunstwerken und Antiquitäten aus Holz in Europa. In Cymorek, S.; Ehrentreich, W.; Metzner, W. (Hrsg.) Holzschutz – Forschung und Praxis, Symposium 1982, Kommissionsverlag DRW-Verlag Weinbrenner-KG, Leinfelden-Echterdingen, S. 37-56.

DIN 68800 (2011-2012): Holzschutz – Teil 1 bis 4. Beuth, Berlin.

ECKSTEIN, KARL (1916): Zerstörung des Holzes durch Holzschädlinge - Tiere. In: Troschel, Ernst (Hrsg.) Handbuch der Holzkonservierung, J. Springer, Berlin, S. 147-207.

FINDLAY, W. P. K. (1967): Timber Pest and Diseases. Pergamon Press, Oxford, 280 S; S. 94.

FISHER, RONALD C. (1938): Studies Of The Biology Of The Death-Watch Beetle, *Xestobium rufovillosum* De G. II. The habits of the adult with special reference to the factors affecting oviposition. Ann Applied Biology 25 (1), S. 155–180.

FISHER, RONALD C. (1941): Studies Of The Biology Of The Death-Watch Beetle, *Xestobium rufovillosum* De G. IV. The effect of type and extent of fungal decay in timber upon the rate of development of the insect. Ann Applied Biology 28 (3), S. 244–260.

FREUDE, HEINZ; HARDE, KARL W.; LOHSE, GUSTAV A. (1969): Die Käfer Mitteleuropas. Bd. 8. Goecke & Evers, Krefeld, 388 S.

GOULSON, D.; BIRCH, MARTIN C.; WYATT, T. D. (1994): Mate location in the deathwatch beetle, *Xestobium rufovillosum* De Geer (Anobiidae): orientation to substrate vibrations. In: *Animal behaviour* 47, S. 899–907.

GRAẞMANN, PETER; GROSSER, D.; REMES, F.; ELSHOLZ, H.-P.; FISCHER, J.; FLOHR, E.; HAUSTEIN, H.; HUCKFELDT, T. KLOPFER, R.; OMANKOWSKY, W.; NOLDT, U.; PETZOLDT, S.; QUITT, H.; REIDENSTEIN, H.; REIẞNER, P.; SALLMANN, U.; SCHLÜTER, U.; SCHÜMANN, U.; URBAN, H.; WEGNER, R. (2017) Handbuch zur Sachkundeausbildung Holzschutz am Bau. Fragen und Antworten. Hrsg.: Ausbildungsbeirat bekämpfender Holzschutz am Bau, Köln, 6. Auflage.

GROSSER, DIETGER (1985): Pflanzliche und tierische Bau- und Werkholz-Schädlinge. DRW, Leinfelden-Echterdingen, 159 S.; S. 104.

GROSSER, DIETGER (2016): Der Gescheckte Nagekäfer (*Xestobium rufovillosum*) – ein Trockenholzinsekt oder ein Feuchtholzinsekt? Schützen und Erhalten 4.2016, S. 10-12.

HAUSTEIN, TILO; HAUSTEIN, V. H.; LAAR, C. V.; NOLDT, U. (2010): Holzzerstörende Nagekäfer (Coleoptera, Anobiidae). Ein Beitrag zur Lebensweise und Bestimmung von drei einheimischen Nagekäferarten: Gewöhnlicher Nagekäfer, Gescheckter Nagekäfer, Gekämmter Nagekäfer. In: Venzmer, H. (Hrsg.) Europäischer Sanierungskalender 2010. Bauwerksdiagnostik und Sanierung, Beuth Verlag GmbH, Berlin Wien Zürich, S. 109-119

HAUSTEIN, TILO; HAUSTEIN, VERA H. (2015): Holzschädigende Insekten und Meeresorganismen. In: Scheiding et al. (Hrsg.) Holzschutz. C. Hanser, München, S. 109-164.

HICKIN, NORMAN E. (1963): The insect factor in wood decay. Hutchinson, London, 336 S.

HICKIN, NORMAN E. (1964): Household insect pests. An outline ot the identification, biology and control ot the common insect pests found in the home - The Rentokil Library. Hutchinson & Co., London, 172 S.; S. 79.

HOFFMANN, ERNST (1883): Der Käfersammler. Verlag der Hoffmannschen Verlagsbuchhandlung, Stuttgart, 135 S. + 20 Tafeln, S. 89.

HUCKFELDT, TOBIAS; MELCHER, ECKEHARD (2007): Moderfäulepilze. In: Venzmer H. (Hrsg.) Europäischer Sanierungskalender 2008, Beuth, Berlin, S. 233-250.

KEMPE, KLAUS (1999): Dokumentation Holzschädlinge. Holzzerstörende Pilze und Insekten an Bauholz. Bauwesen, Berlin, 168 S.

KLOPFER, REINER (2007): Entscheidungsfindung für Bekämpfungsmaßnahmen gegen den Bunten Nagekäfer – Chorgestühl „Cusanusstift", Bernkastel-Kues. In: Noldt, U.; Michels, H. (Hrsg.) Internationale Tagung „Holzschädlinge im Fokus – Alternative Maßnahmen zur Erhaltung historischer Gebäude" 28.-30. Juni 2006 Westfälisches Freilichtmuseum Detmold – Landesmuseum für Volkskunde, Detmold, Merkur-Verlag 2007, S. 91-98.

KOLLMANN, FRANZ (1951): Technologie des Holzes und der Holzwerkstoffe. Band 1: Anatomie, Pathologie, Chemie, Physik. Springer-Verlag, Berlin, Göttingen, Heidelberg, 1050 S.

KÖNIG, EWALD (1957): Tierische und pflanzliche Holzschädlinge. Erkennen, Lebensgewohnheiten und Schädlichkeit holzzerstörender Insekten und Pilze, Schutz und Bekämpfung. Holz-Zbl.-Verlag, Stuttgart, 330 S.

LANGENDORF, GÜNTER (1988): Holzschutz: Ein Handbuch für Baufachleute. VEB Fachbuchverlag, Leipzig, 272 S.; S. 116.

MALENKOVIC, BASILIUS (1907): Die Holzkonservierung im Hochbau mit besonderer Rücksichtnahme auf die Bekämpfung des Hausschwammes. A. Hartleben, Wien & Leipzig. 2. Aufl., 301 S.

NOLDT, UWE (2003): Beispiele und Anforderungen zum Monitoring von Schadinsekten. In: Vorträge der 23. Holzschutz-Tagung. Hrsg: Deutsche Gesellschaft für Holzforschung e.V. (DGfH), Augsburg, März 2003, S. 71-81.

NOLDT, UWE (2005): Insekten. In: Müller, J. (Hrsg.) Holzschutz im Hochbau, Grundlagen – Holzschädlinge – Vorbeugung – Bekämpfung, Fraunhofer IRB Verlag, Stuttgart, S. 73-100.

NOLDT, UWE (2006): Schäden durch Insekten. In: Huckfeldt, T.; Wenk, H.-J. (Hrsg.) Holzfenster. Rudolf Müller Verlag, Köln, S. 208-245.

NOLDT, UWE (2007): Monitoring von holzzerstörenden Insekten – Anforderungen und Ergebnisse. In: Noldt, U.; Michels, H. (Hrsg.) (2007) Holzschädlinge im Fokus, Alternative Maßnahmen zur Erhaltung historischer Gebäude. Schriften des Landschaftsverbandes Westfalen-Lippe – Freilichtmuseum Detmold. Merkus Verlag, S. 41-57.

NOLDT, UWE (2014): Insekten. In: Binker G.; Brückner, G.; Flohr, E.; Huckfeldt, T.; Noldt, U.; Parisek, L.; Rehbein, M.; Wegner, R. (2014) Praxis-Handbuch Holzschutz. Rudolf Müller Verlag, Köln, S. 112-153.

NOLDT, UWE (2017): Holzschäden durch Insekten. In: Graßmann, Peter et. al. (Hrsg.) Handbuch zur Sachkundeausbildung Holzschutz am Bau. Fragen und Antworten. Hrsg.: Ausbildungsbeirat Holzschutz am Bau, Köln, 6. Auflage, S. 2.19–2.37.

NOLDT, UWE; NIEDERFEILNER, ALEXANDER (2007): Anwendung der stationären Thermokammer und Erfolgskontrolle. In: Noldt, U.; Michels, H. (Hrsg.) Internationale Tagung „Holzschädlinge im Fokus“ Westfälisches Freilichtmuseum Detmold – Landesmuseum für Volkskunde, Detmold, Merkur-Verlag 2007, S. 125-136.

PASQUAL, C. ET AL. (2019): Fauna Europaea: https://fauna-eu.org (Abruf am 05.09.2019), Museum für Naturkunde, Leibniz-Institut für Evolutions- und Biodiversitätsforschung.

POE, E. A. (1834): The Tell-Tale Heart. The Pioneer, Vol. I, No. I, Drew and Scammell, Philadelphia.

RIDOUT, BRIAN (2000): Timber decay in buildings. The conservation approach to treatment. E & FN Spon, London, 232 S.

RIDOUT, BRIAN V. (2001): The population dynamics of the deathwatch beetles. In: Ridout, B. Timber: The EC woodcare project. English Heritage Research Transactions 4; S. 24-39.

RÜPKE, HANS-JOACHIM (2019, Abruf: 24.09.2019): Bunter oder Gescheckter Nagekäfer, *Xestobium rufovillosum*. https://www.holzfragen.de/seiten/*Xestobium rufovillosum*.

SUTTER, HANS-PETER (1997): Holzschädlinge an Kulturgütern erkennen und bekämpfen. 3. Auflage, P. Haupt, Bern, 164 S.

THEDEN, GERDA; KOTTLORS, C. (1965): Verfahren zum Sichtbarmachen von Holzschutzmitteln im Holz. Mitteilungen der Deutschen Gesellschaft für Holzforschung (DGfH) 52, S. 1-88.

TWAIN, MARK (1876): The Adventures of Tom Sawyer. American Publishing Company.

UNGER, A. (1990): Holzkonservierung, Schutz und Festigung von Holzobjekten. 2. Auflage, Callwey, München, 220 S.

VITÉ, JEAN PIERRE (1952): Die holzzerstörenden Insekten Mitteleuropa. Textband. Musterschmidt Wissenschaftlicher Verlag, Göttingen, 155 S.

WAENTIG, FRIEDERIKE; KRUPA, ANDREAS (2007): Monitoring von Holzschädlingen als Teil der Restauratorenausbildung – St. Mariae Geburt in Kempen. In: Noldt, U.; Michels, H. (Hrsg.) Internationale Tagung „Holzschädlinge im Fokus – Alternative Maßnahmen zur Erhaltung historischer Gebäude“ 28.–30. Juni 2006 Westfälisches Freilichtmuseum Detmold – Landesmuseum für Volkskunde, Detmold, Merkur-Verlag 2007, S. 61-71.

WEIDNER, HERBERT (1994): Bestimmungstabellen der Vorratsschädlinge und des Hausungeziefers Mitteleuropas. G. Fischer, Stuttgart, 328 S.

WHITE, P. R.; BIRCH, M. C.; CHURCH, S.; JAY, C.; ROWE, E.; KEENLYSIDE, J. J. (1993): Intraspecific variability in the tapping behaviour of the death-watch beetle, *Xestobium rufovillosum* (Coleoptera: Anobiidae). Journal of Insect Behaviour 6(5), S. 549-562.

WYATT, TRISTRAM; BIRCH, MARTIN (2001): Finding a mate – Tappig behahviour and deathwatch beetles communication, mate location and mate choice. In: Ridout, B. Timber: The EC woodcare project. English Heritage Research Transactions 4; S. 15-23.

Bildrechte: Die Bilder 17 und 36 stammen von Matthias Wieck, die anderen von Tobias Huckfeldt.

Wieck, Matthias
Zimmermeister und M.Sc. Holzwirtschaft

seit 1993:	im Baubereich tätig, vorrangig Sanierung und Denkmalpflege
2006:	Meisterschule und Sachkundenachweis Holzschutz
2010:	Studium zum Holzwirt an der Universität Hamburg
seit 2016:	wissenschaftlicher Mitarbeiter am Thünen-Institut für Holzforschung im Arbeitsbereich IV „Gesundheit und Verbraucherschutz“. Schwerpunktthema: Holzschäden durch Pilze und Insekten

---

Noldt, Uwe
Diplom-Biologe Dr. rer. nat.

1986:	Promotion im Fach Zoologie (Meeresbiologie)
1989–2015:	Leiter des Fachgebietes „Holzschäden durch Insekten“ an der Bundesforschungsanstalt für Forst- und Holzwirtschaft (BFH; jetzt: Thünen-Institut, Holzforschung).

Hauptarbeitsgebiete:

Biologie und Ökologie holzzerstörender Insekten, anatomisch-morphologische Untersuchungen, Befallskartierungen und Freilandversuche im Speziellen

Er arbeitete – auch nach seiner Pensionierung – in den letzten Jahren schwerpunktmäßig an Fragen des Monitorings dieser Tiere, an alternativen Bekämpfungsverfahren sowie an Strategien zur Prävention dieser Insektenbefälle, insbesondere in Freilichtmuseen, Kirchen und anderen historischen Bauwerken im In- und Ausland. Weiterhin bearbeitete er neben den einheimischen auch die durch Importholzinsekten verursachten Schadensfälle. Schließlich nimmt er neben seiner Lehrtätigkeit in der Abteilung Holzbiologie der Universität Hamburg Lehraufträge an verschiedenen Universitäten und Fachhochschulen wahr und ist als Fachautor tätig.

Tobias, Huckfeldt
Dr. rer. nat. Dipl.-Biol.

Sachverstänpdiger und Fachautor im Themenkreis Bestimmung und Bewertung von Schäden durch Fäulepilz an Bauwerken, seit 1999 Forschung zu Fäulepilzen und Holzschäden an Konstruktionen und seit 2012 am Institut für Holzqualität und Holzschäden in Hamburg

Wichtige Werke sind:

Huckfeldt/Schmidt (2015) Hausfäule- und Bauholzpilze. 2. Aufl., R. Müller Verlag,

Huckfeldt/Wenk (Hrsg. 2009) Holzfenster. R. Müller Verlag sowie Huckfeldt/Rehbein (Hrsg. 2012)

Holzspielplätze. Beuth Verlag,

zudem rund 60 weitere Aufsätze bzw. Beiträge in Fachzeitungen/Büchern, siehe www.ifholz.de

Alter Schlachthof Regensburg: Das Zollingerdach verdient eine Renaissance!

Holger Schmidt-Schuchardt, Wulf Bennert

1 Einleitung

Es gibt in Deutschland zahlreiche Industriedenkmale, der alte Schlachthof in Regensburg ist zweifellos eines der bedeutenden. Im Ensemble seiner geschützten Objekte findet sich eine im Jahr 1888 als eingeschossiger Walmdachbau mit dreischiffigem Kreuzgratgewölbe und neuromanischen Gusseisenstützen errichtete Großviehhalle – ihr gestalterischer Aufwand wäre heutzutage undenkbar für ein Bauwerk, das nur der temporären Unterbringung von Schlachtvieh dienen soll. Baumeisterliche Krönung dürfte aber die 1928 gebaute Großviehmarkthalle in Zollinger Lamellenbauweise sein.

Bevor auf dieses „Zollingerdach" näher eingegangen wird, sollen noch ein paar Informationen zur Geschichte des Schlachthofs folgen. Er war für fast hundert Jahre ein wichtiges Element der Wirtschaft im ostbayrischen Raum; 1956 erreichte seine Produktivität ihren Höhepunkt. Durch das Aufkommen von leistungsstarker Konkurrenz verlor er nach 1980 immer mehr an Bedeutung, bis in den 90er Jahren schließlich der Betrieb eingestellt wurde. Für mehr als ein Jahrzehnt lag das gesamte Areal mit den denkmalgeschützten Bestandteilen brach, dann fasste die Stadt Regensburg den Beschluss, es zu einem modernen Wohngebiet umzugestalten, wobei die Großviehmarkthalle sich in ein zeitgemäßes Veranstaltungszentrum mit zusätzlichen Tagungsräumen verwandeln sollte. 2009 wurde das Projekt europaweit ausgeschrieben, 2013 konnte mit den Baumaßnahmen begonnen werden, und schon 2015 zogen erste Bewohner in die Neubauten ein. Die Großviehmarkthalle war zu diesem Zeitpunkt noch nicht saniert; von Juni 2015 bis Oktober 2017 arbeiteten die Zimmerleute unseres Unternehmens an der Ertüchtigung seines vom Zahn der Zeit angenagten Daches.

Abb. 1: abgestützte Partie des Zollingerdaches mit seiner typischen Rautenstruktur im alten Schlachthof von Regensburg (Bildquelle: Firma Bennert)

2 Neue konstruktive Lösung

Das Zollingerdach wurde in den 1920er Jahren aus der Not geboren, die damals in Deutschland herrschte. Kriegsfolgen und Inflation hatten zahllose Menschen verarmen lassen. Die fortschreitende Mechanisierung der Landwirtschaft setzte auf dem Lande Arbeitskräfte frei, die nun in den Städten Beschäftigung suchten. Außerdem musste eine große Zahl von Flüchtlingen untergebracht werden; als Ergebnis der in den Friedensverhandlungen festgeschriebenen Gebietsabtretungen wanderte bis zur Mitte der 20er Jahre rund eine Million Menschen in das verbliebene Gebiet des deutschen Reiches zu. All dies führte zu einer unbeschreiblichen urbanen Wohnungsnot: fünf- bis siebenköpfige Familien; dicht gedrängt in einem einzigen Zimmer; von mehreren Familien genutzte Toiletten auf „halber Treppe"; Betten, die einzeln in Schichten an Tages- und Nachtschläfer vermietet wurden – das war die Realität vor allem in den größeren Städten.

Unter dem Druck solcher Missstände versuchten innovative Architekten und Stadtplaner möglichst rasch und kostengünstig Wohnungen zu bauen. In Merseburg befasste sich der Stadtbaurat Friedrich Zollinger (1880–1945) damit, das Bauen durch Systematisierung und Standardisierung billiger zu machen. Neben wiederverwendungsfähigen Schalungselementen für Schüttbetonwände entwickelte er ein leicht zu errichtendes und kostengünstiges Dachtragwerk, für das sich der Name „Zollingerdach" einbürgerte. Dazu schreibt der Inhaber des Lehrstuhls für Tragwerkslehre an der Leipziger Hochschule für Technik, Wirtschaft und Kultur (HTWK), Prof. Dr.-Ing. Alexander Stahr:

„Die Idee von Zollinger leitet sich aus der Konstruktion von Bohlenbindern nach dem Vorbild von Philippe de l`Orme und David Gilly ab. Statt kurze Bretter jedoch wie diese versetzt aufeinander zu legen und durch Vernagelung zu einem gekrümmten Träger zu verbinden, fächerte Zollinger die Konstruktion zum Flächentragwerk auf. Um die einzelnen Bretter möglichst einfach verbinden zu können, verschiebt er die ansetzenden Brettenden so, dass mit einem einzelnen Bolzen zwei anstoßende Lamellen mittig an einer dritten durchlaufenden Lamelle befestigt werden können. Der spezielle Anschnitt der Brettenden (Schifterschnitt) ist ursächlich verantwortlich für eine sich beim Zusammenbau ergebende kontinuierliche Krümmung in Längsrichtung der Lamellen. Durch Aneinanderreihung dieser in Querrichtung entsteht eine kreiszylindrische Stabwerkschale. Das gesamte Bausystem ist ein Meisterstück der Standardisierung. Es besteht, wie zuvor beschrieben, lediglich aus zwei verschiedenen Brettern und einem Schraubenbolzen."

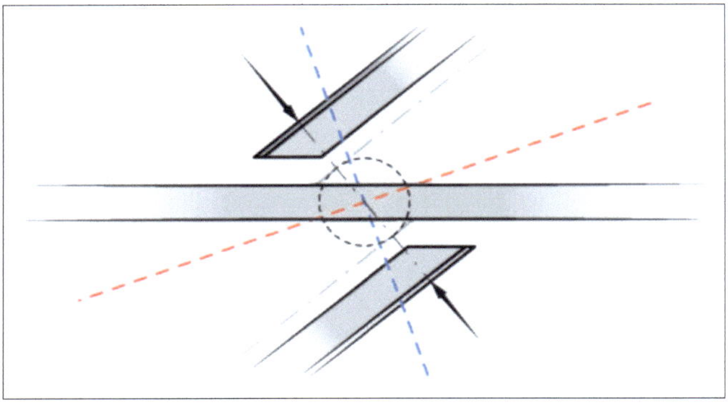

Abb. 2: Durch das versetzte Zusammenfügens der standardisierten Bretter mit einem einzigen Schraubenbolzen entsteht ein Tragwerk mit sehr speziellen Knoten (Grafik: Hannes Löschke, M. Sc.; Fundus: Prof. Stahr)

Das Zollingerdach fand rasch Verwendung beim Bau von Wohnhäusern in Merseburg und Umgebung. Seine Dachform prägt noch heute die Altbauwohngebiete der Stadt. Doch nicht nur formal unterscheidet sich das Dach von seinen „klassischen Konkurrenten“. Vielmehr waren die nachfolgend genannten Vorteile des Systems in ihrer Summe überzeugend:

- Die gewölbte Außenform des Daches mit Verzicht auf Stützen ergab eine optimale Nutzbarkeit des Dachraumes.
- Die Einsparung der Holzmenge gegenüber einem Mansarddach vergleichbarer Größe lag bei etwa 40 Prozent.
- Die geringe Einzellänge der Konstruktionshölzer erleichterte deren Beschaffung und Antransport.
- Die Montage des Daches war so einfach, dass Bauherren oder zukünftige Mieter durch Mithilfe bei dessen Errichtung Kosten sparen konnten.
- Die vergleichsweise geringe Eigenlast der Konstruktion lässt Spannweiten bis 40 m zu.
- Die Untersicht des Zollingerdaches ist ästhetisch sehr ansprechend.

Die Einfachheit des genialen Konstruktionskonzeptes mit seinem simplen Verbindungsdetail ist gleichsam seine größte Schwäche. Zur Zeit der Patentanmeldung ließ sich die Statik des „Zollbau-Lamellendaches“ nicht exakt berechnen. Der Statikprofessor Robert Otzen führte deshalb in den Jahren 1922/23 im Auftrag des Staatlichen Materialprüfungsamtes Berlin-Lichterfelde Belastungsversuche an unterschiedlichen Zollingerdächern durch, die sämtlich positiv verliefen. Daraufhin erhielt das Konstruktionsprinzip eine „Zulassung“, welche in der Folge die Grundlage für eine breite Anwendung darstellte.

3 Renaissance des Zollingerdaches

Um das Dach im Sinne einer „statischen Berechnung“ kalkulieren zu können, bedarf es eines mathematischen Rechenmodells, das sowohl die Besonderheit der „schiefwinkligen Stellung“ der Lamellen zueinander, als auch die Genauigkeit des Zuschnitts der Bauteile und des spezifischen, anisotropen Materialverhaltens des Holzes berücksichtigt. Insbesondere die Integration des (zweiachsigen) Versatzes der Lamellen in ein solches Modell bildet bis heute eine große Herausforderung für die planenden Ingenieure und Architekten. Die aktuellen Forschungen an der HTWK Leipzig haben daher das Ziel, eine modifizierte Knotenverbindung inklusive eines entsprechenden Rechenmodells und gleichzeitig eine unter kontrollierbaren Werkstattbedingungen vorfabrizierbare Variante des Leichtbaudaches zu entwickeln.

Damit soll das ressourceneffiziente Konstruktionsprinzip für die Zukunft fit gemacht werden. Die Endlichkeit der materiellen natürlichen Ressourcen sowie der sich dynamisierende Klimawandel liefern den Leipziger Forschern die übergeordneten Motive. Darüber hinaus weisen die derzeitigen gesellschaftlichen Randbedingungen in Deutschland einige bemerkenswerte Ähnlichkeiten mit denen der 20er Jahre des vorigen Jahrhunderts auf, welche deren Arbeiten zusätzlich „legitimieren“.

- Es gibt eine anhaltende Binnenmigration vom Land in die Städte. Die flächendeckende Industrialisierung der Landwirtschaft führte zu einem sich immer stärker

beschleunigenden Abbau von Arbeitsplätzen. Für Thüringen wurde der Arbeitskräftebesatz pro 100 Hektar vom Statistischen Landesamt schon 2012 mit nur noch 2,5 Menschen angegeben. Diese letzten Beschäftigten in der Landwirtschaft ziehen häufig auch noch als Arbeitsnomaden mit ihren High-Tec-Maschinen von Flur zu Flur – ein Job, für den die Lage des Wohnsitzes bedeutungslos ist. Für Ackerbau und Viehzucht wird das Dorf nicht mehr gebraucht. Damit ist das seit vorgeschichtlicher Zeit bestehende Motiv für das Wohnen auf einem Dorf praktisch entfallen; viele Dörfer veröden, und der fortschreitende Verlust sämtlicher Versorgungsstrukturen treibt sogar deren alternde Bewohner in die Städte.
- In den letzten vier Jahren sind rund zwei Millionen reguläre und irreguläre Migranten aus anderen Ländern nach Deutschland gekommen, die vorrangig in urbane Bereiche strebten.
- Die Wohnungsmärkte sind vor allem in den größeren Städten durch die vorgenannten Phänomene dramatisch überlastet, es gibt wieder echte Wohnungsnot.

Die Not wird dadurch verschärft, dass verschiedene dirigistische Maßnahmen und die „Null-Zins-Politik“ der EZB den Wohnungsbau und das Wohnen erheblich verteuert haben. Alle Aktivitäten, welche einer Preissteigerung entgegenwirken, müssen deshalb hochwillkommen sein – die Renaissance des Zollingerdaches kann dazu gehören. Der Aufgabe einer Optimierung des Tragwerks und seiner Fertigung widmet sich Professor Alexander Stahr an der HTWK Leipzig. Im Unterschied zum Erfinder Friedrich Zollinger stehen ihm für dieses Projekt nicht nur weiterentwickelte Rechenverfahren auf modernen Computern zur Verfügung, sondern mit Schichtholz auch ein Material, das gegenüber Naturholz deutlich verbesserte Eigenschaften aufweist. Statische Berechnungen sind dabei allein nicht zielführend. Denn die Steifigkeit der Konstruktion unter Belastung hängt maßgeblich von Eigenschaften der verschraubten Knotenpunkte ab, die sich einer mathematischen Modellierung entziehen, wie z. B. Fertigungstoleranzen oder Vorspannung beim Verschrauben. Deshalb sind auch heute wieder Belastungsversuche sinnvoll, wie sie die Abb. 3, 4 und 5 zeigen.

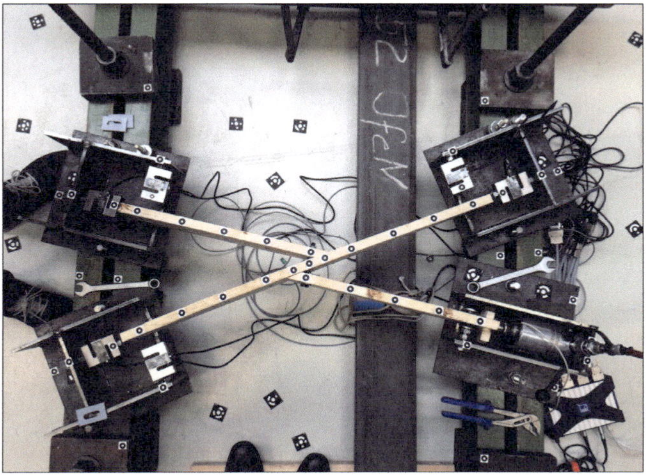

Abb. 3: Belastungsversuch zur Ermittlung der Lastverteilung (Normal- und Querkräfte) am Einzelknoten im Modellmaßstab mit Messpunkten für photogrammetrische Verformungsmessung

Abb. 4: Simulation einer gleichmäßig verteilten Flächenlast mittels Sandeimern (F = 0,2 kN) am Großmodell in der Versuchshalle der HTWK Leipzig

Abb. 5: Belastungsversuch mittels Sandsäcken (F = 0,3 kN) am Demonstrator eines in Segmenten vorgefertigten Zollingerdaches auf der Baustelle

4 Das Zollingerdach im Alten Schlachthof Regensburg

Meist wurde ein Zollingerdach als spitztonniges Satteldach ausgeführt, vereinzelt aber auch als Walmdach. Oft wurden große Hallenbauwerke mit Zollingerdächern ausgestattet – wie beispielsweise auch die Industriehalle in Ludwigsburg oder hier die Großviehhallen im Alten Schlachthof Regensburg.

Das Zollingerdach der ehemaligen Großviehhalle ist eine Zwischenform von Mansard- und Tonnendach und weist keinerlei im Raum stehende Dachsparren oder Kehlbalken auf. Das Dach ist gewölbt wie ein Tonnendach, die Konstruktion entstand in Lamellenbauweise, sodass es große Spannweiten ohne Zwischenpfeiler und Querbalken aufweist.

Brett- und Bohlenstücke wurden in bestimmten Winkeln angeordnet, wodurch viele Rauten entstanden, die später die Dachhaut trugen.

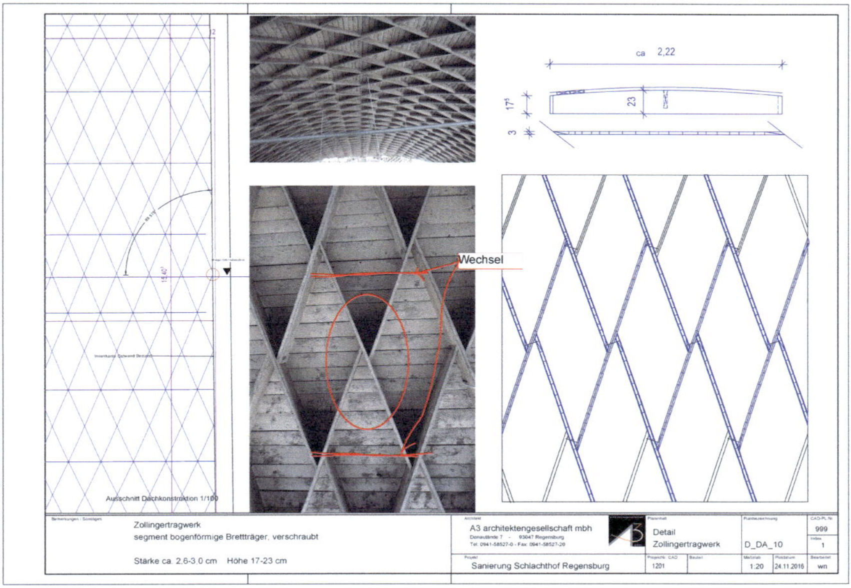

Abb. 6: Detaildarstellung vom Konstruktionsprinzip Zollingertragwerk Regensburg

5 Die Sanierungsarbeiten

Durch Feuchteeinwirkungen sowohl durch die eigentliche Nutzung als Schlachthof als auch durch eine unzureichende Wartung der Dachhaut wurden Teile der Holzkonstruktion von holzzerstörenden Pilzen befallen. Im Laufe der Zeit kam es zu teils enormen Verformungen am Dachtragwerk und unkontrollierten Lasteinwirkungen im Traufbereich.

Für die neue Nutzung als Kongress- und Veranstaltungszentrum war deshalb eine umfangreiche Sanierung notwendig. Bereits im Juni 2014 begann man mit den umfangreichen Arbeiten. Neben den klassischen Holzreparaturen war die exakte Ausrichtung und Fügung der Brett- und Bohlenstücke, die mittels Schraubbolzen miteinander verbunden werden, handwerklich anspruchsvoll. Die Sanierung des Vierungsbereichs mit dem Austausch der Gratbinder bei Erhalt der originalen Zollinger-Teildachflächen stellte eine ebenso große Herausforderung für die Zimmerleute dar.

Die Arbeiten erfolgten abschnittsweise von der Osthalle über die Vierung als zukünftigem Foyer bis in die Westhalle. Mit einem Abstütz- und Arbeitsgerüst wurde die historische Dachkonstruktion lastfrei gestellt (siehe Gerüstprinzip). Das Gerüst erhielt als oberen Abschluss eine durchgängige Arbeitsebene, von der aus alle Reparatur- und Ergänzungsarbeiten erfolgten.

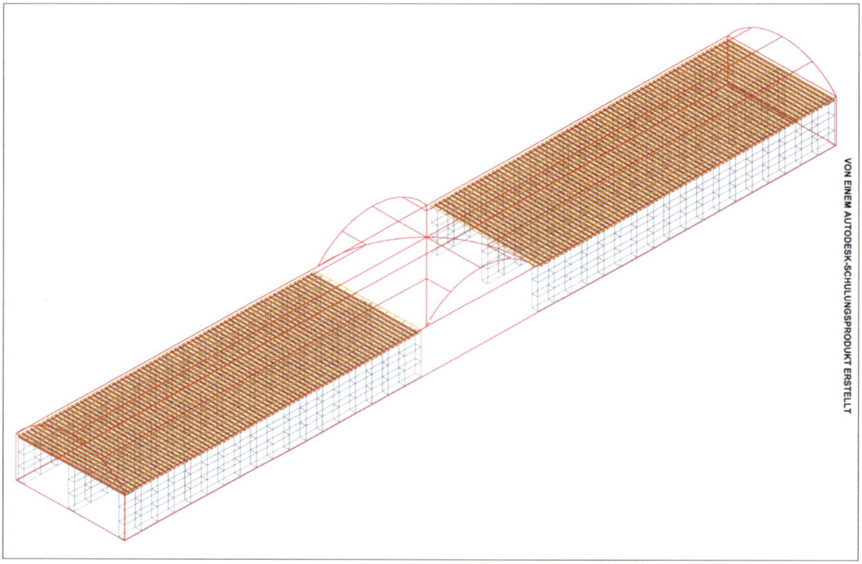

Abb. 7: Darstellung der obersten Abstütz-- und Arbeitsebenebene auf Liniengerüsten

Zunächst wurde die bis zu 16 Lagen starke Teerpappenabdichtung samt darunterliegender Brettschalung abgebrochen und entsorgt. Die PAK-haltige Dachhaut erforderte für die Abbruch- und anschließenden Reinigungsarbeiten ein Arbeiten in kontaminierten Bereich.

Danach erfolgte die Instandsetzung der historischen Tragkonstruktion. Um die Lamellen mittels Schraubbolzen miteinander verschrauben können, musste ein schlitzförmiges Loch eingefügt werden, um dem Bolzen keinerlei Querlasten oder Biegungen auszusetzen.

Auf die Zollingerkonstruktion wurde über eine Gesamtfläche von ca. 2.500 m² eine neue Sichtschalung aufgebracht. Über diese Schalungsebene wurden dann neue Brettschichtholzbogenbinder verlegt und an die Schalung angeschlossen. Die neuen Binder übernehmen die neuen Dach- und Ausbaulasten.

Zwischen den Bindern wurde auf der unteren Schalung ein schwarzes Akustikvlies und Mineralwolle als Schallschutz verlegt. Darauf wurde dann aufwendig die Dampfbremse u-förmig bis zur Oberkante der Bogenbinder verklebt. Eine 200 mm starke Mineralwolle mit darüber liegender Hinterlüftung sichert den erforderlichen Wärmeschutz. Den oberen Abschluss bildet wiederum eine Holzschalung, die mit einer Systemabdichtung auf Bitumenbasis abschließt.

Besonders anspruchsvoll war die Sanierung des Vierungsbereichs, weil sich dort die beiden Tonnendächer kreuzen. In den dadurch entstehenden Kehlen mussten in der Ebene der Zollingerkonstruktion zunächst ebenfalls neue Bogenbinder eingezogen und mit der bestehenden Konstruktion wieder kraftschlüssig verbunden werden. Anschließend musste der neue obere Dachaufbau in allen Ebenen den geometrischen Gegebenheiten der Vierung angepasst werden.

Abb. 8: Neues Foyer im Bereich der Vierung

Abb. 9: Neues Foyer Vierungsbereich Obergeschoss

Unsere Zimmerleute hatten bei ihrer Tätigkeit am Zollingerdach des Regensburger Schlachthofes nicht nur besondere technische Aspekte zu beachten; sie erfüllten auch die hohen Anforderungen der Denkmalpflege.

Schmidt-Schuchardt, Holger
Dipl.-Ing. Architekt

1988–1990:	Spezialprojektant Holz, Werkstattleiter im VEB Denkmalpflege Erfurt, Holzrestaurierungswerkstatt Wohlsborn
1990–1991:	Bauleiter in Augsburg bei der Hampel-Zöllner-Gesellschaft für klassisches Fensterdesign mbH
seit 1991:	Freier Sachverständiger für Holzschutz mit staatlicher Zulassung mit diversen Bestellungen u. a. durch das Amtsgericht Weimar, das Landgericht Gera und das Oberlandesgericht Jena
1993–1996:	Mitgesellschafter der Architektur- und Ingenieurgesellschaft mbH Dr. Janorschke & Partner
seit 1996:	Mitinhaber der Planungsgemeinschaft Schmidt & Partner
seit 2006:	Technischer Betriebsleiter der Zimmerei bei der Firma Bennert GmbH – Betrieb für Bauwerkssicherung, Klettbach
seit 1991:	diverse Fachvorträge auf Fachtagungen für Holzschutz-Fachverbände und Denkmalpflege, Lehrtätigkeit an der Berufsschule Weimar
seit 2001:	Dozenten- und Ausbildertätigkeit am ABW/BIW Erfurt-Weimar
seit 2011:	Dozent bei EIPOS
seit 2014:	Dozent FH Erfurt

KOMPETENZ
WEITERBILDUNG
ZERTIFIZIERUNG

EIPOS CERT

DAkkS Deutsche Akkreditierungsstelle D-ZP-18667-01-00

EIPOSCERT
ist eine akkreditierte Personenzertifizierungsstelle für Sachverständige in den Bereichen
- Immobilienbewertung,
- Schäden an Gebäuden und
- Vorbeugender bzw. Gebäudetechnischer Brandschutz.

Von EIPOSCERT wird entsprechend der europäischen Norm DIN EN ISO/IEC 17024 als Sachverständiger zertifiziert, wer über die erforderlichen persönlichen Voraussetzungen verfügt und sich dem anspruchsvollen Verfahren erfolgreich unterzieht.

Seit Mitte 2018 ist die EIPOSCERT GmbH hundertprozentige Tochter der EIPOS GmbH.

EIPOS und **EIPOSCERT** arbeiten eng zusammen, um einerseits die Qualitätsstandards in der Weiterbildung und andererseits in der Berufsausübung von Sachverständigen in den wichtigsten Gebieten des Bauwesens weiter voranzubringen.

EIPOS

ICG ISO 9001 zertifiziert

Zertifikat gleich Zertifizierung? Und was bedeutet Akkreditierung?

Sabine Schönherr, Kathleen Pechstein

Eine Aufgabe, die wir als Weiterbildungsanbieter gern wahrnehmen, ist die Beratung und Begleitung von interessierten Architekten, Ingenieuren und Baufachleuten im Zusammenhang mit ihrer Qualifizierung für eine Fachplaner- oder Sachverständigentätigkeit. Häufig geht es dabei um Fragen zu den Inhalten der Fachfortbildungen, zu Prüfungsleistungen und Dozenten, zu Chancen der beruflichen Anwendung des erworbenen Wissens und um die Art und Anerkennung der Abschlüsse in der Berufspraxis. Doch welche Abschlüsse gibt es und worin unterscheiden sie sich? Was ist eine Teilnahmebescheinigung, was ein Zertifikat und wann spricht man von Zertifizierung? *Kurz gesagt:* Das Zertifikat weist den Abschluss einer beruflichen Qualifizierungsmaßnahme durch erfolgreiche Prüfungsteilnahme aus. Während man für die Teilnahme an einer solchen Maßnahme definierte Voraussetzungen erfüllen muss, bestätigt die Teilnahmebescheinigung lediglich die Teilnahme an einer Weiterbildungsveranstaltung. Hiervon grenzen sich Zertifizierungsverfahren ab. Sie sind externe und fortlaufende Kompetenzbewertungen nach festgelegten Standards und beinhalten keinerlei Weiterbildungsteilnahmen.

Zertifizierungen von Personen

Zertifizierung kommt vom lateinischen „certe“ (bestimmt, gewiss, sicher) und „facere“ (machen, schaffen, verfertigen). Zertifizierung soll demnach sichern und Gewissheit verschaffen über das Vorhandensein definierter Eigenschaften. Alle am Bau Beteiligten kennen Zertifizierungen im Zusammenhang mit der Verwendung von Bauprodukten: Hersteller beauftragen akkreditierte Zertifizierungsstellen (z. B. eine MPA). Diese überprüfen, ob das Produkt den Anforderungen einer Norm bzw. technischen Regel entspricht. Wenn ja, wird das Produkt zertifiziert und der Hersteller kann das Produkt in Verkehr bringen. Hersteller und Zertifizierungsstelle vereinbaren gleichzeitig eine fortlaufende Überwachung des Produktes. Produktzertifizierungen dokumentieren damit die Qualität und Zuverlässigkeit von Produkten und geben Planern, Ausführenden und Nutzern Sicherheit, Orientierung und Vertrauen.

Mit der Umsetzung der Richtlinie 2006/123/EG DIN und der Einführung der DIN EN ISO/IEC 17024 wurde diese Kompetenzüberprüfung auf Dienstleistungen ausgedehnt und systematisiert. Somit gibt es nun auch z. B. für die Dienstleistung von Sachverständigen die Möglichkeit der Überprüfung durch die Personenzertifizierungsverfahren.

Hiervon abzugrenzen sind gesetzlich geregelte Verfahren. Dies ist in Deutschland für den Bereich des Holzschutzes und des Holz- und Bautenschutzes nur die öffentliche Bestellung und Vereidigung (i.d.R. durch IHK, HWK). Qualifizierte Sachverständige oder durch Berufsverbände anerkannte Sachverständige genießen in diesem Sachgebiet eine hohe Anerkennung. Gesetzlich geregelte und unabhängige Zertifizierungsverfahren haben diese Sachverständigen allerdings nicht durchlaufen. Hier könnte künftig die Personenzertifizierung bei akkreditierten Zertifizierungsstellen eine größere Rolle spielen.

Weiterbildungszertifikate

Durch zielgerichtete Weiterbildung können sich insbesondere Architekten und Ingenieure bei Hochschulen, Kammern und privaten Instituten zu Sachkundigen und Sachverständigen fortbilden. Auf der Grundlage eines strukturierten Weiterbildungsprogramms und Leistungsüberprüfungen werden Zeugnis und Zertifikat dafür ausgestellt. Doch trotz scheinbar gleicher Abschlussbezeichnungen gibt es zwischen den Veranstaltern Unterschiede in Bezug auf Inhalt, Umfang, Befähigungsziel, Zulassung, Prüfung und Anerkennung. Für alle Weiterbildungsangebote gilt, dass die Abschlussbezeichnungen „Sachverständiger“ oder „zertifizierter Sachverständiger“ keine geschützten Tätigkeitsbezeichnungen darstellen. Auch mit dem erfolgreichen Abschluss der Prüfungen ist keine automatische staatliche Anerkennung oder öffentliche Bestellung und Vereidigung verbunden.

Personenzertifizierung im Baubereich

Die qualifizierende Weiterbildung zum Sachverständigen trägt ohne Zweifel dazu bei, sich Fachwissen und Sachkunde anzueignen, um die anspruchsvollen Aufgaben der Berufspraxis im Holzschutz und im Holz- und Bautenschutz zu bewältigen. Für viele ist es auch ein Einstieg in diese Spezialdisziplin und der Beginn der eigenen Sachverständigentätigkeit. Eine besondere Sachkunde liegt jedoch erst dann vor, wenn erheblich über dem Durchschnitt liegende Fachkenntnisse und praktische Erfahrungen sowie die Fähigkeit, Gutachten zu erstellen vorliegen. Diese Überprüfung der besonderen Sachkunde in Verbindung mit der regelmäßigen Überprüfung der Berufsausübung wird jedoch nur in unabhängigen Zertifizierungsverfahren vorgenommen. An dieser Stelle unterscheiden sich Zertifikatslehrgänge von Zertifizierungsverfahren.

Akkreditierung bestätigt die Kompetenz von Zertifizierungsstellen

Akkreditieren kommt vom lateinischen „accredere“ für Glauben schenken. Die Akkreditierung ist die Bestätigung durch eine dritte Seite, dass eine Stelle die Kompetenz besitzt, Konformitätsbewertungen durchzuführen. Analog zum Verfahren der Produktzertifizierung durch akkreditierte Prüfstellen wird die Personenzertifizierung auch im Bauwesen verstärkt durch Zertifizierungsstellen durchgeführt. Jedoch erst mit der Akkreditierung wird eine Qualitätskontrolle auch für die Zertifizierungsstellen sichergestellt. Diese Qualitätskontrolle erfolgt in Deutschland ausschließlich durch die Deutsche Akkreditierungsstelle (DAkkS).

Im Akkreditierungsverfahren weist die Zertifizierungsstelle nach, dass sie ihre Tätigkeiten fachlich kompetent, unabhängig und unter Beachtung gesetzlicher sowie normativer Anforderungen und auf international vergleichbarem Niveau erbringt.

Fazit

Zertifikat ist nicht gleich Zertifizierung. Um in diesem Kontext Verwechslungen vorzubeugen: zertifiziert werden weder Lehrgänge noch Abschlüsse, sondern nur Personen; und akkreditiert werden nur die Zertifizierungsstellen. Sachverständige mit einer Personenzertifizierung durch eine nach DIN EN ISO/IEC 17024 akkreditierte Zertifizierungsstelle sind in Deutschland noch wenig bekannt, insbesondere im Bereich Holz- bzw. Holz- und Bautenschutz. Die Zertifizierung von freien, also nicht öffentlich bestellten und vereidigten, Sachverständigen ist jedoch ein klarer Beitrag dazu, Kunden mehr Sicherheit, Gewissheit und Transparenz auf dem Baudienstleistungsmarkt für Planung, Beratung und Bewertung zu geben.

EIPOSCERT bietet drei akkreditierte Zertifizierungsprogramme an, u. a. für Schäden an Gebäuden. Die Zertifizierung in diesem Sachgebiet kann für Sachverständige für Holzschutz oder Holz- und Bautenschutz durchaus in Betracht kommen. Denn als Experten begutachten sie schwerpunktmäßig Baumängel und Bauschäden an Holz- und Mauerwerksbauteilen – einem Teilbereich dieses Sachgebietes.

Für weitere Tätigkeitsbereiche der Holz- und Bautenschützer, wie z. B. Bauwerksabdichtung, Wärmeschutz und Schallschutz entwickelt EIPOSCERT derzeit Spezialisierungsprogramme.

Arten von Kompetenznachweisen

	Teilnahme-bescheinigung	Zertifikat	Zertifizierung	Akkreditierung
Zweck und Bedeutung	einfache Bestätigung der Teilnahme einer Person	qualifizierte Teilnahmebestätigung auf der Basis überprüfbarer Dokumente (Curriculum, Prüfungsordnung) über den Erwerb von genau definiertem Fach- und Methodenwissen einer Person	Nachweis der besonderen Sachkunde einer Person, als Ersatz für eine nicht zwingend vorgegebene öffentlich-rechtliche Prüfung	Nachweis der Unabhängigkeit und Kompetenz des Managementsystems und der Kompetenz der Zertifizierungsstelle sowie der Zertifizierungsprogramme
Prüfung	keine Leistungsbewertung	interne Leistungsüberprüfungen (schriftliche und mündliche Prüfungen/Projektarbeit(en))	umfangreicher Sachkundenachweis gemäß Zertifizierungsprogramm sowie Prüfung der Qualität der Berufsausübung, lfd. Überwachung der fachlichen und persönlichen Voraussetzungen	Prüfung, Begutachtung und Überwachung von Dokumenten und Nachweisen gemäß den Anforderungen der DIN EN ISO 17024
Einsatz	i. d. R. für ein- bis zweitägige Seminare	i. d. R. für umfangreichere Qualifizierungen mit definiertem Stundenumfang und Befähigungsziel	Ausstellung nach erfolgreichem Durchlaufen des Prüfungs- und Überwachungsverfahrens bei Erst- und Rezertifizierung	Ausstellung für die Zertifizierungsstelle und das -programm nach erfolgreichem Durchlaufen des Akkreditierungsaudits bei Erst- und Reakkreditierung
Gültigkeit	unbefristet	i.d.R. unbefristet	zeitlich befristet („Verfallsdatum"), regelmäßige Überprüfung, kann ausgesetzt und für ungültig erklärt werden	zeitlich befristet, regelmäßige Überprüfung und Überwachung
Aussteller	alle Arten von Veranstaltern (u.a. Verbände, Unternehmen, Trainer, Hersteller)	Weiterbildungsunternehmen und Akademien	Durchführung durch (akkreditierte) i.d.R. privatrechtlich organisierte Zertifizierungsstellen	Durchführung in Deutschland ausschließlich durch die DAkkS

Autorenverzeichnis

Bathon, Leander *Prof. Dr.-Ing*
Stellvertretender Direktor des Instituts für Baustoffe und Konstruktionen sowie Leiter der Materialprüfanstalt für Bauwesen, Abteilung Holz, Wiesbaden

Flohr, Ekkehard *Dipl.-Ing. (FH)*
ö.b.u.v. Sachverständiger für Holzschutz und Geschäftsführer des Ingenieurbüros für Holzschutz Dessau sowie Fachbereichsleiter Holzschutz im DHBV e.V.

Geburtig, Gerd Prof. *Dr.-Ing. Architekt*
Inhaber der Planungsgruppe Geburtig, Architekten und Ingenieure in Ribnitz-Damgarten und Weimar sowie Referatsleiter Brandschutz in der WTA für Bauwerkserhaltung und Denkmalpflege e.V.

Haun, Pia *Dipl.-Ing. FH*
Inhaberin des Ingenieur- und Sachverständigenbüro Haun in Trier

Haustein, Tilo *Dr.-Ing.*
ö.b.u.v. Sachverständiger für bautechnischen und chemischen Holzschutz sowie für Schäden an Gebäuden, Dresden

Huckfeldt, Tobias *Dr. rer. nat. Dipl.-Biol.*
Sachverständiger am Institut für Holzqualität und Holzschäden in Hamburg sowie Fachautor im Themenkreis Bestimmung und Bewertung von Schäden durch Fäulepilz an Bauwerken

Pechstein, Kathleen *LL.M. Dipl.-Kffr. (FH)*
Geschäftsführerin EIPOS CERT, Dresden

Scheiding, Wolfram Dr. rer. silv.
Ressortleiter Biologie und Holzschutz am Institut für Holztechnologie Dresden sowie Leiter des Laborbereichs Biologische Prüfung der Entwicklungs- und Prüflabor Holztechnologie

Schmidt-Schuchardt, Holger *Dipl.-Ing. Architekt*
Mitinhaber der Planungsgemeinschaft Schmidt & Partner sowie Technischer Betriebsleiter der Zimmerei bei der Firma Bennert GmbH – Betrieb für Bauwerkssicherung, Klettbach

Schönherr, Sabine *Dipl.-Ing.*
Geschäftsführerin EIPOS GmbH, Dresden

Wolffhardt, Rupert *Ing.*
Wissenschaftlicher Mitarbeiter bei der Holzforschung Austria im Fachbereich Bauphysik